汪振东◎著

从零开始读懂
相对论

北京大学出版社
PEKING UNIVERSITY PRESS

内 容 提 要

相对论诞生至今已逾百年，但依然被人们津津乐道。相对论为什么如此有魅力？爱因斯坦为什么要创立相对论？本书从"零"开始，紧抓"相对"二字，将所有问题置于历史的背景下，竭力展现人类探索运动本质的全过程。本书内容涵盖地心说、日心说、相对运动、万有引力、电磁场、以太、相对时空、黎曼几何、狭义相对论和广义相对论等。

本书结构严谨、思路清晰，采用"一问一答"的形式书写，问答之间相互关联。每个问答中插入与主题相关的漫画，使物理科普更加有趣味。除问答外，本书在必要位置插入相关的物理小故事，使内容更加丰富。

图书在版编目(CIP)数据

从零开始读懂相对论 / 汪振东著. — 北京：北京大学出版社，2023.10
ISBN 978-7-301-34254-1

Ⅰ.①从… Ⅱ.①汪… Ⅲ.①相对论 – 研究 Ⅳ.①O412.1

中国国家版本馆CIP数据核字（2023）第135789号

书　　　　名	从零开始读懂相对论	
	CONG LING KAISHI DUDONG XIANGDUILUN	
著作责任者	汪振东　著	
责任编辑	王继伟	
标准书号	ISBN 978-7-301-34254-1	
出版发行	北京大学出版社	
地　　　址	北京市海淀区成府路205号　　100871	
网　　　址	http://www.pup.cn　　　新浪微博：@北京大学出版社	
电子邮箱	编辑部 pup7@pup.cn　　总编室 zpup@pup.cn	
电　　　话	邮购部 010-62752015　发行部 010-62750672　编辑部 010-62570390	
印　刷　者	大厂回族自治县彩虹印刷有限公司	
经　销　者	新华书店	
	880毫米×1230毫米　32开本　5.5印张　158千字	
	2023年10月第1版　2023年10月第1次印刷	
印　　　数	1—4000册	
定　　　价	49.00元	

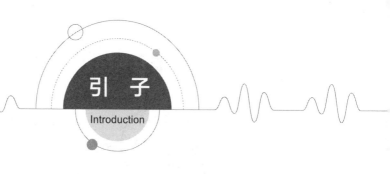

　　很久以前，人们以为大地是平的，天像个大盖子。这是很容易想到的，假设一个人躺在空旷的草地上，大地确实平坦，而天确实像个大盖子。由此诞生了很多神话传说，比如盘古开天辟地、孙悟空把如来佛的手指当成了擎天之柱……

　　在世界的另一端，古希腊人一开始也这么认为，但是渐渐地，他们发现不对劲。比如一艘海船归来，站在岸边的人总是先看到船顶上的旗子，再渐渐地看到整艘船的轮廓。这说明，大地不可能是平的——起码有弧度。真正让人们相信大地是球形的证据是月食。

　　古希腊人很早就意识到月食是直射到月亮的阳光被大地遮住导致的，也就是说，月食是大地的影子，如果大地不是球形的，那么它的影子不可能总是圆的。

　　嗯，大地是一个球，我们的故事开始了。

目 录

Contents

牛顿的世界

思索，继续不断地思索，以待天曙，渐进乃见光明。——牛顿

About Me

　　大家好，我是物理哥，从小喜欢问各种奇怪的问题，长大后经常回答各种奇怪的问题。今天，我会坐上时光机回到过去，带领读者领略历史上的大贤们是如何看待这些问题的。

亚里士多德

托勒密

哥白尼

开普勒

伽利略

笛卡儿

牛顿

即将登场的大贤们

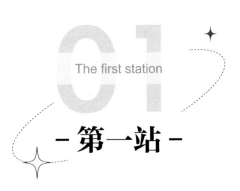

01

The first station

- 第一站 -

我的第一站是古希腊。在这里，我将会拜访两位物理学、天文学大师——亚里士多德和托勒密。

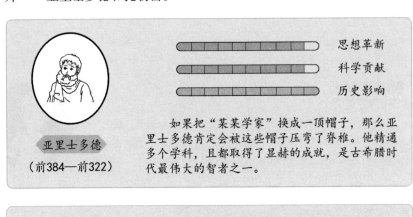

亚里士多德

（前384—前322）

思想革新

科学贡献

历史影响

如果把"某某学家"换成一顶帽子，那么亚里士多德肯定会被这些帽子压弯了脊椎。他精通多个学科，且都取得了显赫的成就，是古希腊时代最伟大的智者之一。

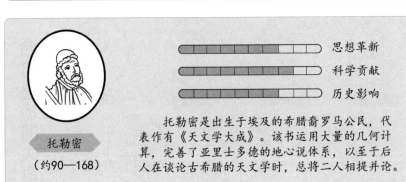

托勒密

（约90—168）

思想革新

科学贡献

历史影响

托勒密是出生于埃及的希腊裔罗马公民，代表作有《天文学大成》。该书运用大量的几何计算，完善了亚里士多德的地心说体系，以至于后人在谈论古希腊的天文学时，总将二人相提并论。

亚里士多德　　　　　　托勒密

> 问 1
>
> 　　大地是球形的，人该怎么办呢？我的意思是，站在上方自然不用担心，但侧面和下面的人怎么办？难道像壁虎一样吸附在地球上？

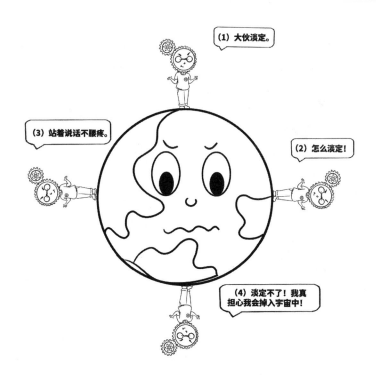

亚里士多德： 我能轻松举起地球，你相信吗？

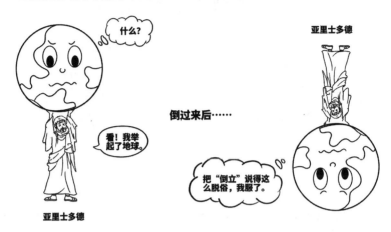

对于地球来说，它的"下方"永远都指向球心，所以地球上的每个物体都会向下。为什么要向下呢？这是因为地球上所有的物体都有重力，而重力总是向下的。举个例子，你向上扔一块小石头，它开始向上运动，但在重力的作用下，最终落到地球上。**重力是每个物体的属性**。所谓属性，就是与生俱来的，就像人一生下来就有身高、体重一样。

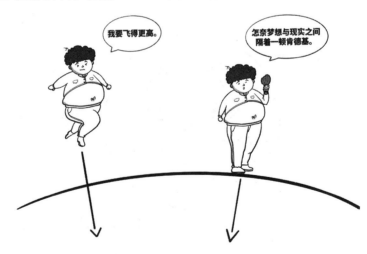

问 2

大地是球形，但天不可能是圆盖，天是什么样的呢？

亚里士多德： 很显然，天也是球形的。

其实我们头顶上的天有很多层，如月亮天、太阳天、金星天、水星天、火星天、木星天、土星天，还有恒星天——所有恒星所在的天。恒星天之外还有原始动力天，它是宇宙运行的最终动力来源。所有的天层加上地球就是整个宇宙，地球就处在宇宙的正中心，因此叫"地心说"。

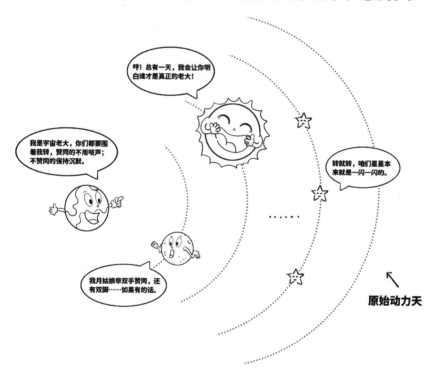

宇宙中仅有地球是静止不动的。天层上的天体每天都会绕着地球转一圈，这样才有了昼夜交替。太阳有些例外，它在太阳天上，还会以年为单位来回摆动，从而导致直射地球的角度发生变化，也就有了四季变化。尽管某些天体运动有些复杂，但它们每天的运行轨迹都是圆，速度是匀

速的，因为再也没有比圆和匀速更完美的了。

问3

地球是宇宙的中心，一切"向下"都指向了地心，所以抛起来的一块小石头会因重力而落到地面上。请问太阳、月亮和星星为什么没有落到地球上呢？难道它们就没有重力吗？

亚里士多德： 我听说中国有个成语叫"杞人忧天"，非常适合你问的这个问题。

组成物质的基础是元素，元素分四种——土、水、气、火。土最重，水次之，气再次之，火最轻。

土元素和水元素组成的物质因为重力大，所以会下落，而气和火比较轻，所以空气是飘在空中的，火苗总是向上的。

然而，这四种元素仅仅是组成地球上万物的根本，到了天上，就不存在这四种元素了，而是**弥漫着第五种元素——以太**。天体是由以太组成的，它们并不受重力的影响，因此不必担心太阳、月亮等天体落到地球上来。

地心说

很久以前，一支印欧人部落离开多瑙河畔，迁徙到希腊半岛和克里特岛。他们与原住民融合，成为希腊人的祖先。古希腊人崇尚自然，认为万物以"适度"为宜。假如你能回到古希腊，并在他们面前吹嘘你是单腿站立最久的人，古希腊人会不屑一顾地把你赶出去，并且告诉你一个真理：论单脚站立，谁都比不过一只鹅。

然而对于自然哲学，古希腊人的盘根问底从未"适度"，比如，当看到一艘船从大海上归来，站在岸上的人总是先看到船的桅杆再看到船身，他们就会猜想大地可能不是一块板，而是一个球；当诸多现象证实大地是个球后，他们又会猜想宇宙的模样……

古希腊人很早就认识到大地是一个球。公元前 6 世纪，米利都学派的哲学家阿那克西曼德（约前 610—前 545）就曾说："天空在我们脚下仍

然延续。"与此同时，米利都学派的哲学家们认为地球是宇宙的中心——这就是最早的地心说。

最早形成地心说理论的是哲学家欧多克斯（前408—前355）。欧多克斯是古希腊时代最伟大的天文学家之一，他曾在柏拉图学院学习，是柏拉图的学生。作为"希腊三杰"（苏格拉底、柏拉图、亚里士多德），柏拉图的思想在当时的影响非常大，"圆是最美的图形"就是他的思想之一。

欧多克斯一开始就吸收了柏拉图的思想，认为行星绕着地球转动——轨迹是圆、速度是匀速的。后来欧多克斯发现行星的轨迹并非如此，但也没有修正自己的学说，有一种说法认为他在给老师柏拉图"留面子"。但物理哥认为，这样做也许有更深一层的原因：如果不是圆，就必然要考虑是什么改变了天体的方向；如果不是匀速，就必须考虑天体的速度为什么要改变。

柏拉图的另一个学生——亚里士多德继承了地心说理论，还为它提供了强大的理论支撑——动力学理论，也就是力与物体运动的关系。

在亚里士多德之前，著名哲学家芝诺（约前490—前430）就曾提出一个悖论：一个人要从A点到B点，必须先到达AB的中点C，要到达C点，必须先经过AC的中点D……无限分割下去，中点就无限接近于A点。也就是说，这个人无法离开A点，所以芝诺认为运动是不存在的。也许你会认为这只是哲学家的一家之言，但如果把人换成一支箭，就会出现"我站在你的正前方，你的箭却射不中我"的荒诞逻辑。

亚里士多德巧妙地驳斥了这种观点，他认为"无限"就是"连续"，所以一支箭不可能"无限"地到达中点，而会"滑"过中点。换句话说，运动就像一条直线，任何两个点之间必然有无限个点。

亚里士多德认识到，运动的存在离不开主体，所以不能说"我像奔跑"，而应该说"我像豹子一样奔跑"。那么，是什么造成物体的运动呢？亚里士多德认为有两个原因：一个是来自物体自身的属性——重力；另一个是来自外力，比如车子原本静止，被力推动后才能向前运动。

运动离不开时间和空间。亚里士多德认为**时间就是数轴上的数字**，两个数之间有无限个数，因此时间也是连续的；空间也是连续的，比如一个装满水的杯子，倒掉水后，杯子就空了吗？不，因为它现在装满了空气。但是，空间的连续性会被"真空"破坏掉，因此亚里士多德不认为真空是存在的，"自然界厌恶真空"就是他的名言之一。可是到了月亮天之上，连空气也没有了，它们难道不是真空吗？不，月亮天之上还弥漫着一层以太。

亚里士多德的很多观点是从感觉和经验出发的，并没有实验基础，也经不起推敲。比如，水会因重力而下落，但海水却无缘无故地涨潮了；小石头和羽毛从同样的高度同时下落，小石头先着地。他简单地认为：重的物体下落快，轻的物体下落慢；人推车子，车子向前运动。可当人松开手后，车子依然还会运动一段距离才停下，这段运动是靠什么力来维持的呢？

在众多假说中，以太对后世的影响可谓巨大。在现代物理学中，以太早已没了身影，但是倒退120年左右，寻找以太可是整个物理学界最重要的任务之一。在历史的长河里，以太就是披着神秘外衣的小女孩，每当物理学家们有所需要时，就会把它打扮打扮，推向舞台。

问 4

但是，地心说让我感到怀疑。就拿火星来说吧，它似乎不那么"听话"。站在地球上看，它某一年的轨迹极有可能是"S"形的，这该怎么解释呢？

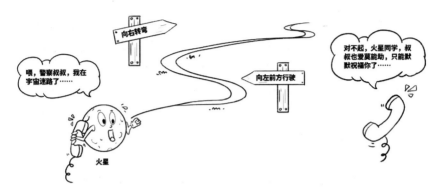

托勒密： 这个问题让我来解释一下。

早在欧多克斯时期，天文学家们就发现天体的运行轨迹不是圆形的，但几乎所有人都选择视而不见。现在航海上的需要，让这个问题不得不有个准确的答案。我在前人的基础上，提出一个处理方案。

太阳、月亮和恒星依然绕着地球做圆周运动，但像火星、木星等一些"不听话"的行星，它们的运动要复杂一点。它们不是直接绕着地球转，而是绕着本轮转，**本轮的圆心绕着地球转——形成均轮**。

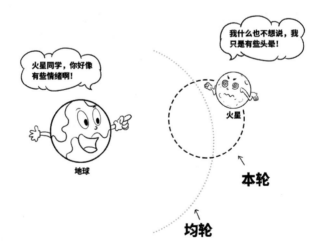

不过，绕地球旋转的天体不是匀速转动的，而是匀角速转动的，也就是说，相同时刻，每个天体转动的角度是固定的。

什么是物理？

"请问，'天下乌鸦一般黑'这句话是正确的还是错误的？"

数学家："在你没有找出所有的乌鸦之前，它只能是一个猜想，就像哥德巴赫猜想或孪生素数猜想一样；只有被证明出来，它才是完全正确的。"

物理学家："从大量的观察对象来看，乌鸦必然是黑色的。这就是物理学中的'唯象论'。如果要证明这句话是错误的，就必须找出一只不是黑色的乌鸦来。"

在今天看来，地心说理论是百分之百错误的，那它究竟错在何处？如果换个角度来看，这些错误还能不能有其他温柔点的答案呢？实际上，地心说中的每个天体都是一只"黑乌鸦"，套上本轮和均轮后，运行轨迹完全可以被本轮均轮学说所诠释。从这个角度出发，托勒密的地心说并非错误。

谁要想证明它是错误的，就必须找出"一只不是黑色的乌鸦"。然而千百年来，没人能找出"这只乌鸦"。原因在于，托勒密的地心说模型中的本轮数量理论上是无限的，也就是说，一个本轮不够就两个，两个不够就三个……直到完全符合真实情况为止。可以说，它与数学里的傅里叶变换是一致的。

难道托勒密的地心说模型就是正确的？答案也是否定的。著名的物理学家杨振宁先生将物理学分为四个层次。

（1）实验。指的是一切可以观测到的现象。

（2）唯象理论。对所有可观测到的现象进行经验总结。

（3）理论架构。在经验总结的基础上，得出理论体系结构。

（4）数学。理论仅仅是定性的，最终还要定量，这就需要找出完美的数学公式。

托勒密的地心说很好地符合前面三点，但在第（4）点上遇到了麻烦。对于人的大脑而言，一个本轮尚可接受，两个本轮还能勉强考虑，超过三个恐怕大脑就乱得跟糨糊一样了。

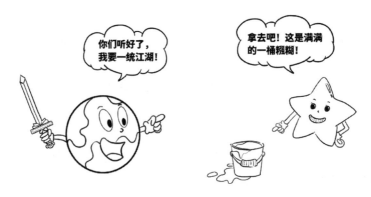

托勒密深知这点，所以他强调他的地心说模型不是终极理论，只是经验总结，如果有更好的模型那是最好不过的。但事与愿违，在他死后的 1300 多年里，他所著的《天文学大成》一直是西方天文学的教科书。后来，神学研究者将地心说与神学相结合，亚里士多德和托勒密的理论成功地被嫁接成上帝创造万物的理论根源。然而该来的总要来，打破这一切的正是笃信上帝的哥白尼。

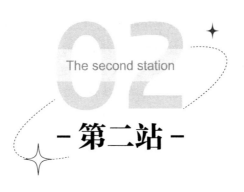

The second station

- 第二站 -

离开古希腊，我"嗖"的一下来到中世纪的意大利，去拜访伟大的哥白尼，看看他是如何化腐朽为神奇的。

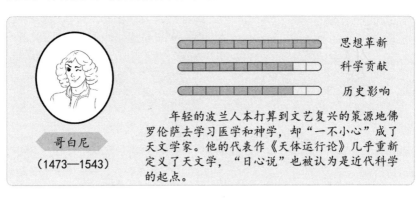

哥白尼

（1473—1543）

思想革新

科学贡献

历史影响

年轻的波兰人本打算到文艺复兴的策源地佛罗伦萨去学习医学和神学，却"一不小心"成了天文学家。他的代表作《天体运行论》几乎重新定义了天文学，"日心说"也被认为是近代科学的起点。

大家好，我是尼古拉·哥白尼。就是我提出的日心说！没错，我就是这么优秀！

尼古拉·哥白尼

> 问 5
>
> 请问哥白尼先生，你如何解释托勒密的地心说中存在的问题？

哥白尼： 不得不承认这很难解释，因为人们发现的新天体都很好地被托勒密的地心说所描述，尽管有一些小小的出入，但总体上还是没错的，只是这大圈套小圈实在让人厌烦。

问题出在哪呢？在长期的观察中，我发现很多行星到地球的距离在不断改变，而与太阳的距离变化并不大。这说明地球根本不在宇宙球的圆心上，它应该被太阳取而代之。

其实托勒密的理论就已经透漏了太阳是宇宙的中心。以行星为例，它们绕着本轮转，而本轮的圆心绕着地球转，形成均轮。实际上，这个本轮的圆心正是太阳。但行星不止一个，因此要将所有行星的本轮圆心全都合并到一起。换句话说，所有的行星——包括地球，都应该围着太阳转。这就是"日心说"。

> 问 6
>
> 地球绕着太阳转，该怎么解释昼夜交替？又该怎么解释四季变化呢？

哥白尼：地球的运动主要由两种运动组成。其一是地球每天绕地轴转一圈，称为自转；其二是地球每年绕太阳转一圈，称为公转。

自转时，朝着太阳的一面就是白天，背着太阳的一面就是黑夜。

四季变化是由公转导致的，但公转并非四季变化的根本原因，而根本原因是地球是"倾斜的"，也就是我们常说的"黄赤交角"。

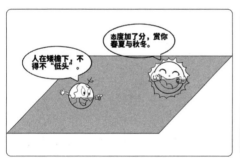
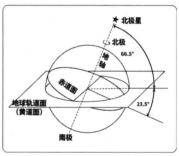

很久以前，古巴比伦人就注意到四季变化是太阳直射角变化导致的。冬至日，阳光直射点的位置是在南回归线上，所以北半球是冬天，南半球是夏天。过了这一天，阳光直射的位置渐渐向赤道靠拢，到了春分日，阳光洒在赤道上，此时北半球是春天，南半球是秋天。

地球继续前行，直射点继续北上，在夏至日到达最北端——北回归线上，此时北半球是夏天，南半球是冬天。过了这一天，阳光直射的位置又开始向南移动，在秋分日到达赤道，此时北半球是秋天，南半球是春天。再过一个季度，地球又到了冬至日那天。一年四季，周而复始。

地球上的四季不仅有温度差异，白天和黑夜的长度也是不一样的，拿北半球来说，冬至日白天最短、黑夜最长，夏至日白天最长、黑夜最短。这一切都可以用地球公转与黄赤交角来解释。

问 7

让我算算，一一得一，一二得二……地球每天转一圈，一个站在赤道上的人，每天相当于走了约 4 万千米，每小时超过 1600 千米，这速度太快了吧！假设把人换成空气，空气如此之快，地球应该被一股强烈的风所包围，这该如何解释呢？又或者，我向上抛起一块小石头，它应该落在抛出点的西边，而不是正下方，这又该如何解释呢？

哥白尼：这个问题确实困扰了我很长时间，后来我从海洋身上找到了答案。地球无时无刻不在运动，海水却没有像瓶子里的水一样晃来晃去。这是因为海水和地球一起运动——处于**相对静止**状态。

为什么海水相对地球保持静止呢？我猜原因在于，海水主要由水元素组成，根据亚里士多德的观点，水有重力属性，凡是有重力属性的都会和地球保持静止。高山也是如此，它主要由土元素组成，也会和地球一起转。

现在说空气，空气中含有大量的水元素和土元素，所以也会和地球一起转。小石头主要由土元素组成，它被向上抛起来后，也会和地球一起转，所以会落到抛出点的正下方。

日心说的故事

早在古希腊时代，阿利斯塔克（前315—前230）就提出"日心说"，在这个问题上，他是当之无愧的历史第一人。

阿利斯塔克

然而，当时人们认知不足，认为太阳很小很小，庞大的地球怎么会围着一个"小小的圆盘"转动呢？

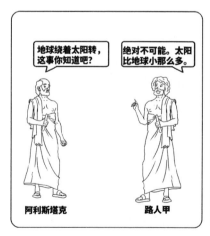

阿利斯塔克通过测算得出太阳远比人眼看到的要大，只是离地球太远，看起来小而已。太阳的直径是地球的 6 ~ 7 倍。尽管这一数值与今天测量的数值（109 倍）相差甚远，但阿利斯塔克是人类历史上第一个认识到太阳比地球大的人。

哥白尼比阿利斯塔克思考得要深。首先他证实了太阳确实比地球大，其次他初步解释了地球自转带来的种种悖论，更难能可贵的是，他在没有望远镜的条件下，重新定义了天文学，这些都被记录在他所著的《天体运行论》中。

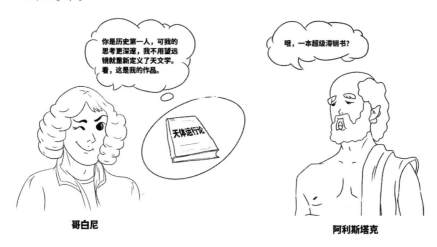

哥白尼   阿利斯塔克

当时欧洲正值宗教改革，哥白尼担心日心说会给自己带来麻烦，所以选择述而不作，只把自己的想法告诉身边的朋友们。一位牧师朋友看到哥白尼的手稿后，强烈建议他将日心说撰写成书，以流芳百世。

《天体运行论》写好后，哥白尼还是犹豫不决，拖了"一个九年"又"一个九年"，直到"第四个九年"才被朋友带到德国纽伦堡公开发表。据说哥白尼在弥留之际（1543 年）摸了摸从德国寄来的样书，就与世长辞了。

然而《天体运行论》问世后，就像掉进大海的小石头，几乎没引起任何波澜。原因非常多，最主要的一个是，它里面运用了大量的几何知识。哥白尼应该很骄傲于这点，所以在《天体运行论》开篇，他就引用了柏拉图学院门口牌子上的文字，写道："不懂几何者禁止入内。"在宗教改革之

前，整个欧洲奉行的是以识字为耻的愚民政策，普通人根本难以读懂，真正把《天体运行论》推向高潮的还是数学家们。此处我们仅谈谈两位数学家对日心说的贡献。

　　一位数学家是伽利略。1609 年，伽利略听说荷兰人发明了一种神奇的东西——望远镜。它仅仅由几个凹凸透镜制成，用它观察却比肉眼清晰十数倍。于是，伽利略花了一个月的时间发明了新的望远镜，新望远镜比荷兰人发明的还要清晰。有了望远镜，伽利略发现了许多从未发现过的天文现象，此处仅列举几条。

> 不错，是我发明的天文望远镜。你看，天上的星星多美啊！

伽利略

　　（1）木星有好几颗卫星，这说明不是所有的天体都是绕着地球转的。

　　（2）太阳上有黑黑的斑点，但它们并非某个行星的影子。理由很简单，如果是行星的影子，它的移动速度会非常快。这说明黑斑点来自太阳自身，后来人们称之为"太阳黑子"。太阳黑子也在转动，这说明太阳也在自转。太阳都在自转了，还有什么理由怀疑地球不能自转呢？

　　（3）夜空中的那条乳白色的带子（银河）是由无数颗像太阳一样的火

球组成的，这说明太阳和地球在宇宙中很普通，并非上帝的眷顾。

另一位数学家是开普勒。自第一眼看到《天体运行论》后，开普勒就深深地爱上了它，还写了一本叫《宇宙的神秘》的书。

开普勒

在书的开始部分，开普勒将宇宙用完美的几何表达。在古希腊时代，柏拉图找出了 5 种正多面体：正四、正六、正八、正十二、正二十面体。开普勒想，如果每个正多面体的内切球是另一个正多面体的外接球，那么就能得到 6 个球，正好与天上的 6 颗行星对应。如果把太阳放到这 6 个同心球的中心，把每个行星放到一个球面上，莫非就是上帝创造宇宙的秘密？

1595 年，开普勒送了一本《宇宙的神秘》给当时鼎鼎有名的天文学家第谷·布拉赫（1546—1601）。第谷的肉眼观测非常厉害，被后人誉为"望远镜发明以前最伟大的天文学家"。他在布拉格有自己的天文台，也有一堆精准的数据，但不知如何使用它们。当他看到开普勒的数学天赋后，热情地邀请开普勒当自己的助手。1600 年，开普勒欣然前往布拉格，不久后他就发现火星的运行轨迹与日心说中的圆形轨道有些出入。根据这一线索，他发现了宇宙三大定律，史称"开普勒三大定律"，他也因此被后人誉为"天空立法者"。

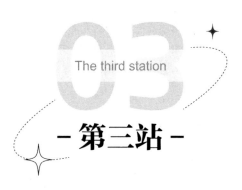

我带着疑惑，到数学家们那里去寻找答案。这一站，我将拜访德国科学家开普勒和意大利科学家伽利略。

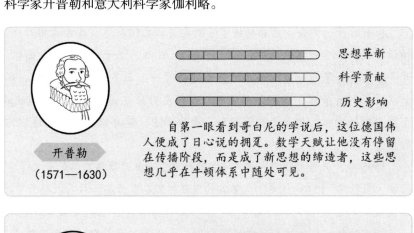

开普勒
（1571—1630）

思想革新

科学贡献

历史影响

自第一眼看到哥白尼的学说后，这位德国伟人便成了日心说的拥趸。数学天赋让他没有停留在传播阶段，而是成了新思想的缔造者，这些思想几乎在牛顿体系中随处可见。

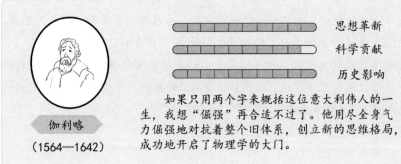

伽利略
（1564—1642）

思想革新

科学贡献

历史影响

如果只用两个字来概括这位意大利伟人的一生，我想"倔强"再合适不过了。他用尽全身气力倔强地对抗着整个旧体系，创立新的思维格局，成功地开启了物理学的大门。

开普勒

伽利略

问8

开普勒先生，你是如何发现宇宙三大定律的？

开普勒： 如果按照哥白尼的理论，一年内火星运行的位置与实际位置有个小小的角度差异。

这说明要么观测出了问题，要么圆形轨道出了问题。于是我打算利用三角形关系找出地球的运行轨迹。地球和火星都绕着太阳转动，总有一天它们会在一条直线上，这一天叫作"火星冲日"。火星约 687 天（一个火星年）绕着太阳转一圈，因此 687 天后，它还会出现在这个位置，但是地球绕太阳转一圈约 365 天，也就是说，地球会出现在其他位置。只要测量此时地球与火星、太阳的角度，便能确定地球在宇宙中的位置。

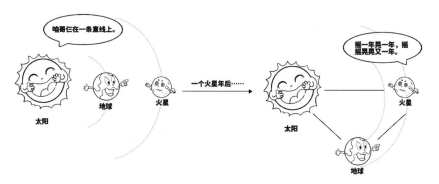

测完之后，我惊讶地发现地球的运行轨迹不是正圆，而是椭圆，因此叫椭圆定律，也叫开普勒第一定律。

柏拉图说圆是最完美的，所以千百年来没有人怀疑过圆形轨道，但事实往往就是如此残酷。我也为此感到难过，但紧接着我发现的第二个运行规律能让人感到一丝宽慰：一个绕太阳转动的行星与太阳的连线在相同时间内扫过的面积是相等的。该定律叫面积定律，也叫开普勒第二定律。

又过了些年，我找到了更优美的定律，美就美在它可以用公式表达。任何一个绕太阳转动的行星，绕太阳一圈的时间的平方与椭圆轨道长轴的三次方的比值是恒定的。

$$\frac{T^2}{R^3} = 定值$$

问9

我最关心的还是地球的运动。哥白尼说物质是因为重力而跟地球一起运动，但他又找不出证据证明这点，到底该怎么解释呢？

伽利略： 这个问题让我来回答。哥白尼先生很好地将天体运动与宗教分开，却又不小心陷入亚里士多德的形而上学中了。

先来做一个思维实验，假设你站在一辆平稳向右运动的车里，你向正上方跳起，最终会落到什么地方？是起跳点还是起跳点左边？肯定是起跳点。这是因为你本身就具有和车一样的速度，当你起跳后，你在水平方向上的速度依然存在，也就和车在水平方向上保持静止。

现在把车换成地球，你就明白了你为什么跳起后依然落在起跳点；再把 "你" 换成空气，你就明白了为什么地球自转却没有东风。这一切的根源在于，相对地球而言，空气是静止的。

有相对静止就有相对运动。什么是相对运动呢？再来做一个思维实验，假设你我各自乘船在一片汪洋大海上航行，周围没有任何可以参照的物体——除了两艘船。如果这两艘船以不同的速度运动，**在我看来，我是静止的，你是运动的；在你看来，你是静止的，我却是运动的**。那么，到底谁在运动呢？其实你我都无法分清。因为参照物不同，结果就不同。换句话说，如果没有参照物，运动就无从谈起。这就是运动的相对性。

也许你会说，你在跑步的时候，明明感觉自己在运动。其实这只是人约定俗成的感知，因为在人的思维里，地球是不动的，换句话说，在你的脑海里，默认地球为参照物。当你以你自己为参照物时，风景是倒退的。

当你计算地球的自转速度时，就默认了以太阳为参照物。但如果你以地球为参照物的话，地球上的一切都是静止的。

问 10

亚里士多德说，运动需要力来维持，当我向上抛起一块小石头，在水平方向上，除了空气的阻力，再也没有其他力了。小石头是怎么跟着地球一起运动，从而保持静止的呢？

伽利略：既然运动是相对的，我们就必须重新审视亚里士多德的观点。

实际上，亚里士多德的观点早就出现问题了，比如你推一辆车子运动，松开手后，车子依然会向前运动，而此时车子完全受不到推力了。这说明，物体运动根本不需要力来维持，**力只是改变了物体的运动状态**，而维持物体运动的是来自物体自身的属性——**惯性**。

　　为了说明惯性思想，我曾做过一个非常有趣的实验。一个小球从斜板上滑下，到达水平面后，有一定的速度。此时小球的重力和平面的支持力都是垂直的，而且相互抵消，而小球自身的**惯性维持它继续在水平面上运动**。但小球终究还是会停下来，这是因为水平面和小球之间有摩擦力，摩擦力改变了小球的运动状态。

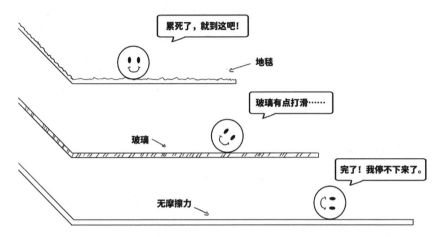

　　小球在水平面上能运动多久呢？这取决于小球所受摩擦力的大小。假设水平面上铺了一层地毯，小球将会很快停下来；假设水平面是玻璃制成的，小球会很难停下来。于是我就想，假设水平面是由一种没有摩擦力的、绝对光滑的材质制成的，小球会怎样运动呢？毫无疑问，它将永远运动下去。也就是说，**在没有外力的情况下，物体总会保持静止或匀速直线运动**。

惯性

　　惯性一词是现代物理学术语，在伽利略的著作里，他称之为"冲力"。冲力这个名词大约在13世纪就出现了，当时人们不理解为什么人推车后，松开手车子依然向前运动，以为物体不仅存在重力属性还存在冲力属性。既然是属性，叫惯性更为贴切。

　　最早的"惯性"出现在开普勒所著的《哥白尼天文学概要》中，意思和"懒惰"差不多，可以理解为任何物体都"懒于"发生改变，除非有外部因素（力）干预。

　　在惯性的基础上，物理学家们还虚拟出了一个力，叫"惯性力"。举个例子，人拉一辆静止的车子，必须用一个不小的力才能使其运动。反过来看，仿佛有一种看不见的力在向后拉车子，不想让它动，这个"看不见的力"就是惯性力。尽管惯性力不是真实存在的，但它却是运动力学统一性的一块重要拼图——后面继续讲解。

　　惯性思想是人类对运动的跨越式认识，可惜伽利略这一步跨得有些大。让我们再回到伽利略的斜面实验中，小球在光滑（没有摩擦力）的板上运动。如果这个板无限长，小球将会永远运动下去。但无限长的板并不是直的，而是绕地球一圈的圆板，所以小球最终会绕着地球无限地做圆周运动。即使人类有能力让这块板摆脱地心的引力，伸出太阳系，伸到"天尽头"，但终究无法逃离球状的宇宙，所以小球依然会以圆周的形式无止境地运动下去。这就是所谓的"圆惯性"。

　　在地心说模型中，最外一层是原始动力层，它是宇宙运行的动力来源，这说明古希腊人早就开始思考何为宇宙的第一动力。1600年左右，英国有位医生叫吉尔伯特，他研究过磁现象，发现磁力作用可以不需要接触。而地球就是一个大磁体，有指南针为证。同样，太阳也一定是一个大磁体，其他天体也是大磁体，磁体间的相互作用就是宇宙运行的动力来源。开普勒延伸了吉尔伯特的思想，他认为宇宙间的天体会相互吸引，而引力正是宇宙的动力。

伽利略的观点与开普勒相左，他心中依然有"圆是最美的"几何情结，所以他认为地球自身的圆惯性才是维持它做圆周运动的根本原因。令后人感到不解的是，当时开普勒已经计算出地球的绕日轨道是椭圆而非正圆，伽利略为什么不相信呢？要知道作为当时顶尖的天文学家，他二人是经常写信交流的。

开普勒　　　　　　　　　　　　　　　　伽利略

一直以来，我们都认为地球的绕日轨道形状与鸡蛋差不多，但如果能把椭圆轨道缩小到鸡蛋般大小，那它将会比人在纸上画的任何圆还要圆。从几何角度出发，正圆是长轴等于短轴的椭圆，就像正方形是长等于宽的长方形一样。地球轨道的短轴与长轴在天文尺度上非常接近，它们的比值约为 0.9998。由于误差的存在，人在纸上画的圆根本达不到这样的精度。所以，伽利略怀疑开普勒第一定律是有理由的。另一方面，地球不仅公转，还会自转。自转又是什么力驱使的呢？它不可能来自太阳的引力，很显然伽利略认为圆惯性的解释更为妥当。

再把引力与圆惯性延伸到潮汐问题上。开普勒认为潮汐来自月球的引力，但他无法解释为什么当月球不在正当空时，海水也有可能会涨潮。伽利略认为潮汐来自圆惯性，但这种解释也漏洞百出。伽利略将这些漏洞全都归结在海洋的地貌上，据说还写了一本叫《关于海洋潮汐与流动的两大世界体系的对话》的书，但未曾出版。

1616 年前后，围绕日心说，科学与宗教产生了激烈的争论，而潮汐就是最关键的问题。爱因斯坦曾评价说，伽利略这样解释潮汐只是急于向人们证明地球是围绕太阳转的。这种带有政治意味的解释只能说明人终究是社会性的动物，再理性的科学家也不例外。

> **问 11**
>
> 　　两个物体同时落下，这是重力作用的结果。亚里士多德说，重的速度快，轻的速度慢，这该怎么解释？

　　伽利略：按照亚里士多德的观点，假设有两个物体，一轻一重，重的下落速度是 8，轻的下落速度是 4，把它们绑在一起该以什么速度下落呢？无非有以下两种结果。

　　（1）轻的拖后腿，所以它们的速度是大于 4 小于 8。

　　（2）轻的和重的加在一起，肯定比重的还要重，所以速度要大于 8。

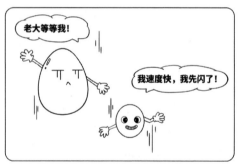

　　这是一个悖论，足见亚里士多德是错误的，而错误就在"速度"这两个字上。速度 8 从何而来？速度 4 又从何而来？这两个物体一开始是静止的（相对地球），也就是说，速度一开始都是 0。0 怎么能突然间就变成 4 或 8 呢？所以，速度是慢慢增加的。

　　为了衡量速度的变化，我发明了一个新词——**加速度**。加速度和速度是两回事，就像蜗牛和牛是两种动物一样。速度衡量的是物体运动快慢，而加速度衡量的是速度变化快慢。举个例子，我每天给你一块糖果，你每天的糖果数量在不断增加，但增加的量保持不变。加速度从何而来呢？力！也就是说，**力给物体加速度，加速度改变了速度**。

让我们回到刚才的实验中，两个小球，一轻一重，重力大小不一，但力的作用与物体的重量有关，这样计算下来，两个小球下落的加速度是一样的，因此它们必然会同时落地。不过，这些都是在忽略空气阻力的情况下计算的，亚里士多德正是没有看清空气的阻力，才认为轻则慢、重则快。

问 12

啊哈！我终于发现一个漏洞。假设我以某个加速度离你而去，根据相对运动原理，在你看来，我正在离你而去——这是力作用的结果；而在我看来，你也以相反的加速度离我而去，然而并没有力作用在你身上啊！这该怎么解释？

- -

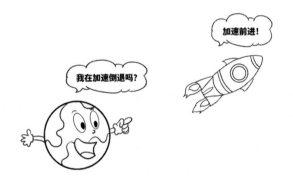

伽利略： 回忆一下你在乘车时的感受。

当车子启动时，你会感觉到后背的推力；当车子停下时，你的身体会向前倾斜；然而当车子平稳地向前运动时，你却毫无察觉。同样的道理，当你受力离我而去时，你必然能感知到这种力，这是**绝对**的，不是相对的。

人们在谈论相对性的时候，往往会认为一切都是相对的，然而当他说出"一切"时，就表明这句话是绝对的。

《对话》与《新对话》

1616年，反对日心说的声音一浪高过一浪，伽利略特意到罗马去劝说教会不要禁锢哥白尼的思想，但无功而返，教会还是把《天体运行论》列为禁书，伽利略也受到指控。作为当时享有名誉的人物，伽利略还是可以谈论日心说的，但只能作为科幻而非科学来讲述。

事情的转机发生在1623年，乌尔班八世当选为教皇。乌尔班八世是伽利略的好朋友，对伽利略非常崇拜。伽利略觉得机会成熟了，再次跑到罗马为自己说情。果然乌尔班八世明确反对教会对伽利略的指控，但私底下找过伽利略，叫他不要刻意宣扬日心说——如果非提日心说不可，也要当成历史去叙述；如果非带上个人观点，那一定要有正反两面，且要站在地心说这边。

在符合教会要求的情况下，1632年伽利略写了一本叫《关于托勒密和哥白尼两大世界体系的对话》（以下简称《对话》）的书。书中虚设三个人物：沙格列陀、萨尔维阿蒂和辛普利邱。其中沙格列陀、萨尔维阿蒂二人皆是日心说的支持者，而辛普利邱完全是亚里士多德及逍遥学派的绝对拥护者。

《对话》仿照古希腊的很多著作，以三人对话的形式展开，分为四天，每天一个主题：第一天证明了地球和其他天体一样，是一个运动的天体；第二天证明了地球每天会自转一周；第三天证明了地球以年为单位绕日一周；第四天伽利略把之前讨论的潮汐问题加了进来。

那么，伽利略站哪边呢？不用问，从人物的命名就能看出来，"辛普利邱"在意大利语中是"大笨蛋"的意思。令人奇怪的是，这本书在乌尔班八世的支持下，竟然获得了异端审判法庭的出版许可。但好景不长，当时欧洲社会矛盾日益尖锐，教会的权威在很多地区逐渐丧失，教会内部斗争十分激烈，不少人将矛头对准了教皇本人，而伽利略的新书就是攻击乌尔班八世的一枚棋子。

内忧外患中，教皇不得不将友谊放在第二位。没了好友的庇护，伽利略于1633年再次受到罗马教廷的审判。这场审判持续了半年之久，最后伽利略所有的著作被查禁，且禁止他著书立说。他本人从宣判的第二日起，被囚禁在自己的家中。据说在宣判时，伽利略喃喃地说了一句："但是，地球依然在转啊！"

但是，地球依然在转啊！

伽利略

伽利略是倔强的，在被幽禁的日子里，他总结了四十余年的工作，写了一本叫《关于两门新科学的对话》（以下简称《新对话》）的书。1638年，《新对话》被私自带到德国出版。尽管《对话》和《新对话》有些地方是错误的，但它们仍然为现代科学奠定了基础，爱因斯坦都对此赞不绝口，伽利略也被誉为"现代物理学之父"。

《新对话》延续了《对话》的人物关系和架构，也分为四天，每天一个主题。第一天讨论材料学，对亚里士多德"轻则慢、重则快"的质疑就是在这一天提出来的。据说伽利略为了向人们展示，特意爬到比萨斜塔上，同时丢下两个不同重量的铁球，发现两个铁球同时着地，这便是历史上著名的"比萨斜塔实验"，但这不是一个真实的历史事件。1971年，阿波罗15号飞船登上月球，宇航员在月球表面上用锤子和羽毛做了这个实验，证明在没有空气阻力时，自由落体运动的速度是相同的，与质量无关。

《新对话》的第二天讨论重力、第三天讨论运动、第四天讨论抛体运动。那么，到底什么是运动呢？它和力有什么关系呢？支配宇宙的动力又是什么呢？在伽利略的基础上，笛卡儿、牛顿等人给予了完美的回答。

04

The fourth station

- 第四站 -

与伽利略分别后，我拜访了笛卡儿和牛顿，去寻找动力学的最终答案。

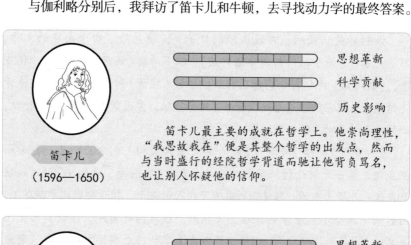

思想革新

科学贡献

历史影响

笛卡儿
（1596—1650）

　　笛卡儿最主要的成就在哲学上。他崇尚理性，"我思故我在"便是其整个哲学的出发点，然而与当时盛行的经院哲学背道而驰让他背负骂名，也让别人怀疑他的信仰。

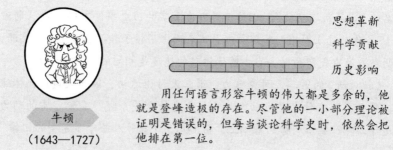

思想革新

科学贡献

历史影响

牛顿
（1643—1727）

　　用任何语言形容牛顿的伟大都是多余的，他就是登峰造极的存在。尽管他的一小部分理论被证明是错误的，但每当谈论科学史时，依然会把他排在第一位。

想来想去，运动这种事很难说清楚哦！

放心吧！全交给我，谁让我叫"牛"顿呢！

笛卡儿　　　　　　　牛顿

问 13

速度是相对的，加速度却不是。地球无时无刻不在自转，我站在地球上却没有感知到力的存在，是不是意味着地球真的以圆惯性在运动？

笛卡儿： 在田径运动中，有一个项目叫作链球。

一个铁球被一根绳子拴住，运动员拽着它绕着身体转动，松开手后，链球就会沿着切线方向运动。

为什么不松手，铁球就会绕着身体转动？为什么松开手，铁球就会飞走？原因就在于，绳子给了小球一个拉力，改变了小球的速度。而当这个力消失了，小球就会直线运动。

小铁球，转啊转啊。

笛卡儿

哦，我的小铁球，一路顺风！

笛卡儿

也许你会认为，如果将人看成一个质点，铁球做圆周运动，它的速度并没有发生改变，因此也就用不到力。实际上，速度作为一个物体量，不仅有大小还有方向。物理学把这种量称为向量，通常用一个带箭头的线段表示，因此又称为矢量。只有大小没有方向的量称为标量，我们日常生活中所说的"速度"其实与物理学中的"速率"是一个意思。速率只有大小，没有方向。

铁球的方向不断改变，可见它的速度是变化的。速度变化就意味着有力作用——绳子的拉力。反过来，**既然有力作用，就不存在所谓的圆惯性**。现在把绳子换成地球，把铁球换成你。从太阳上看（以太阳为参照物），你在做圆周运动。但由于地球太大，其加速度非常微弱，赤道上的加速度约为 0.0339m/s²，所以根本感受不到。

问 14

力改变了物体的速度，但人怎么测量速度的改变呢？

牛顿：目前来说，只有我能解答，因为我刚发明了一项数学技术，叫作流数术。

假设 A、B 两点的距离是 10 米，一只兔子从 A 点走到 B 点花了 5 秒钟，那么它的速度是 2 米/秒。这是兔子的速度吗？不，这是它的平均速度。

那怎样才能获得兔子在某一刻的速度（瞬时速度）呢？如果兔子是匀速直线运动，那平均速度等于每一刻的瞬时速度；如果兔子是匀加速的——就像自由落体一样，也可以计算出它的速度；如果兔子跑得忽快忽慢，瞬时速度就难以通过公式计算出来，但是每时每刻距离 A 点的长度是能测量的，可以用 s - t 图像上的坐标来表示。在 t 坐标轴上任取两个点 t_0 和 t_1，与之对应的有 s_0 和 s_1。

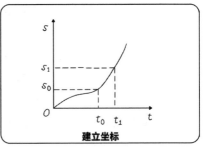

建立坐标

令 $\Delta t = t_1 - t_0$，$\Delta s = s_1 - s_0$，很显然从 t_0 到 t_1 这么长的时间内，这只兔子的平均速度是：

$$v = \frac{s_1 - s_0}{t_1 - t_0} = \frac{\Delta s}{\Delta t}$$

现在让 t_1 无限接近 t_0，即 $\Delta t \to 0$，那么计算出的平均速度就无限接近 t_0（或 t_1）时刻的瞬时速度。

我想你一定知道古人是怎么计算圆的面积的。把圆切割成多个大小相等的小三角形，再把小三角形拼成一个平行四边形。可以看出，切割的小三角形越多，拼出的平行四边形的面积就与圆的面积越接近。当切割的小三角形的个数趋于无限时，平行四边形的面积就与圆的面积相等，而圆的周长等于平行四边形两条长边边长的和。也就是说，**有弧度的曲线被直线所等效**。

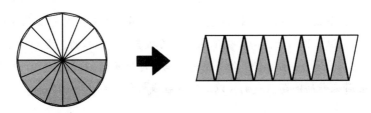

所以，当$\Delta t \to 0$时，任何曲线运动都可以等效成在这个点上的直线运动。

微积分的故事

现代数学称牛顿发明的流数术为微分，反流数术为积分，由于它们是一对互逆运算，所以人们总是把它们合称为微积分。

1665年，欧洲的黑死病仍在肆虐，牛顿不得不到乡下躲避瘟疫。此时牛顿刚从剑桥大学毕业，回到乡下后，他把自己一生想要思考的问题都写在纸上，其中就包括运动学。为了衡量物体的运动，牛顿认为必须找出它的瞬时速度，于是发明了微积分（流数术）。

在整个数学史上，恐怕再也没有哪项发明的重要性能与微积分相提并论了。但它的问世，却遭受了很多人的指责。最基本的，当$\Delta t \to 0$时，$\Delta s \to 0$，难道$0 \div 0$还有什么物理意义吗？即使承认Δt趋向于0，并不是0也会带来新的问题。我们仅以二次方程浅析之。

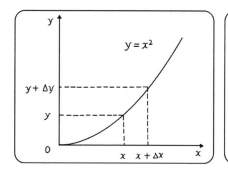

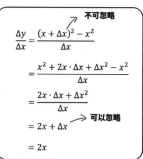

一个可以忽略，一个不可以忽略，所以微积分从一开始被认为是不严谨的，并引发了数学史上的第二次危机，这个危机的关键在于对极限和对函数连续性的定义。19 世纪中叶，在柯西（1789—1857）和魏尔斯特拉斯（1815—1897）等人的努力下，这次危机才彻底解除。

微积分也曾给英国科学研究带来危机。根据牛顿的手稿来看，牛顿大约于 1665 年 5 月就发明了微积分，但没有发表，其手稿只在英国科学家中流传。牛顿可能害怕微积分会招致批评，所以在《自然哲学之数学原理》中，他并没有采用微积分来证明力学定律，而是采用了古典的几何方法。

1684 年，德国数学家莱布尼茨（1646—1716）发表了第一篇关于曲线几何的微分论文，第一次提出微分概念，并使用 dx 符号。两年后，他又发表了关于积分的论文，首次使用了 $\int$ 符号，这两个符号沿用至今。

莱布尼茨的几篇论文轰动了整个欧洲大陆，却招致来自英伦三岛学者的指责。他们称莱布尼茨剽窃了牛顿的研究成果，牛顿才是微积分的第一发明人。莱布尼茨也不甘示弱，发表了许多宣称牛顿借用了自己的思想的文章。一场没有硝烟的纷争开始了，至于真相如何，恐怕再也没有人能说清了，不过根据游戏规则，微积分的发明权归属第一个发表微积分的莱布尼茨。

这场纷争在莱布尼茨死后仍在继续。随着牛顿名望越来越高，英国许多学者纷纷卷入其中，他们本能地站在牛顿一边，拒绝采用莱布尼茨所创造的更优秀的数学符号，依然沿用牛顿的流数（$\dot{y}$ 和 $\dot{x}$）记号，从而让

整个英国的数学与欧洲大陆割裂开来。

问 15

物体运动快速度就大，运动慢速度就小，这说明运动与速度有关。但同样的速度，结果可能不一样。比如，我被一只兔子撞了，顶多疼一会；但被大象撞了，我可能死掉。这是为什么呢？

牛顿：这说明运动不等于速度，运动还与物体的质量有关。

要衡量运动必须建立运动的量，而这个**运动的量是由物体的速度与质量共同决定的**。

运动的量最早由笛卡儿提出来，他将其定义为物体的质量与速率的乘积，可是这样定义存在一个非常大的问题，运动的量会凭空消失。比如两个一模一样的刚性小球，以同样的速率迎面相撞——运动的量均不为 0，碰撞后两个都静止了——运动的量为 0。

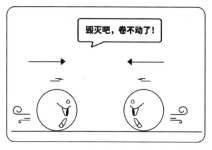

问题出在哪呢？笛卡儿没有考虑到运动的量的方向性，也就是说，两个小球虽然运动的量大小是相等的，但方向相反，一正一负，相撞后肯定为 0。因此，我将运动的量定义为质量与速度的乘积，即 $p = mv$。

有了运动的量，"力是什么"终于有了答案。自古以来，没人怀疑力的存在，但谁都没有办法解释什么是力。小兔子撞了你一下，你感觉到疼，但力既不是"撞"也不是"疼"，撞是力作用的过程，疼是力作用的结果。力到底是什么呢？既然没办法直接下定义，找出它的物理公式也是可行的。

伽利略说力是运动改变的原因，**而运动改变又体现在运动的量的变**化上。举个例子，一个人拉车，车子速度不断变化，运动的量也就不断变化，这样就可以建立运动的量与时间的坐标。

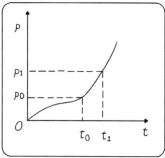

用流数术求出车在某个瞬间的受力情况，即 $F = dp/dt$。又因为 $p = mv$，一个物体的质量是不变的，所以 $F = mdv/dt = ma$。

这就是**加速度定律**。

问 16

你总在说"某个瞬间"，说明运动不仅与物质有关，还与时间有关，什么是时间？

牛顿： 这个问题嘛！我明明知道什么是时间，可当你问我时，我却什么都不知道了。

很久以前，人们就注意到时间是来自天体的运动，所以有人认为时间就是天体，还有人认为时间就是运动。这里的运动不仅包含物体的运动，还包含物体的变化。只要能找到一种周期性的运动，都可以来确定时间，这是人们对时间最直观的认识。

但亚里士多德发现一个问题，如果时间等于运动，那么"运动快就是时间短、运动慢就是时间长"就等于"时间快就是时间短、时间慢就是时间长"，这不是用时间来定义时间吗？所以，亚里士多德认为，时间不是运动，而是运动的度量，也就是运动的数目。

毫无疑问，没有人反对时间与运动（变化）有直接关系，那么问题来了，如果一切停止变化，时间还存在吗？举个例子，清晨把一只小猫关到一间黑屋子里，它完全感受不到周围的变化，也就感知不到时间。12小时后，把它放出来，喂它吃饭，它吃的是早餐还是晚餐呢？

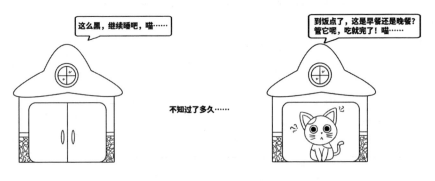

很明显，无论有无运动，时间都存在，这种时间就是绝对时间，**绝对时间永远都在均匀地、与外界无关地流逝着**。但脱离变化，时间又无从感知，因此绝对时间是不可测量的，人们所能测量的时间是相对时间——绝对时间的差值。

是不是有些绕？举个例子，假设要测量你从家到学校所花费的时间，你可以设置一个秒表，将出发时刻定义为 0，那么抵达时刻即为所花费的时间。这里的 0 不是绝对时间的起点，而是"这段时间"的起点，因此是相对的。

也许你会采用其他方案来计算，比如分别记录出发时刻与抵达时刻，二者之差即为所花费的时间。这里的"出发时刻"不是你定义的，也不是 0，是不是就是绝对的呢？答案也是否定的，因为"出发时刻"和"抵达时刻"都是与每天的午夜 0 点的差值，也是相对的。

问 17

绝对时间存在却又不可测量，这就好比我说有个怪兽，它在地球上游荡，每当有人出现时，它就隐匿起来。你怎么证明绝对时间是存在的？

牛顿： 既然这个怪兽是存在的却又不可见，那么它必定会留下蛛丝马迹。

有绝对时间就有绝对空间，要想证明它们是存在的，可以用绝对运动来间接证明。我用一个水桶实验轻松证明了绝对运动的存在。

一根长绳吊起一个水桶，旋转水桶，让绳子处于扭紧状态，现在注入半桶水，待水面平静后，松开水桶，绳子会反向转动。水桶和水会处于以下几种状态。

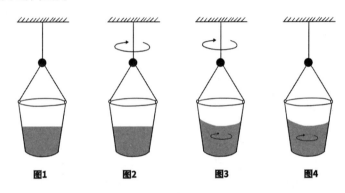

图1：水桶和水相对静止，此时水面是平的。

图2：水桶随着绳子开始转动，但水面依然是平的。

图3：水桶继续转动，水也跟着水桶一起转动，水面中间是凹下去的。

图4：水桶停止转动，但水继续转动，水面中间依然是凹下去的。

在状态4中，水桶静止，但水面依然有脱离圆心的趋向，这说明此时的**水的运动并不依赖于周围的物体**，而是一种绝对的运动。

力学之争

牛顿与莱布尼茨就像一枚硬币的两个面，永远有你没我。在时间问题上，莱布尼茨是当时反对绝对时间的代表人物。他认为空间只有选取了参考点才有意义，时间只有在物体运动时才有意义。二人的论战最终牵扯到上帝身上。莱布尼茨认为上帝做任何事都不会突发奇想，如果时间是绝对的，则在上帝创造宇宙之前时间就存在了，那么上帝为什么要选择"那一个时间点"来创造宇宙呢？

在运动的量上，莱布尼茨用一个简单的自由落体实验证明笛卡儿学派的不足。举个例子，一个 1kg 的物体从 2m 的高空落下，另一个 2kg 的物体从 1m 的高空落下，二者所受到的重力作用效果应该是相等的。但根据笛卡儿或牛顿对运动的量的定义，二者却不相等。这是因为物体自由落体的高度与速度（瞬时）不成正比，而与速度的平方成正比，所以莱布尼茨提出运动的量应该定义为质量乘速率平方，即 $p = mv^2$。后来莱布尼茨称 mv 为"死力"，称 mv^2 为"活力"。由于活力是守恒的，所以他认为宇宙中真正守恒的东西就是"活力"的总和，它更有资格进入物理学。相信聪明的你已经看出来了，莱布尼茨没有错，牛顿也没有错，那到底谁错了呢？其实错就错在"二者所受到的重力作用效果应该是相等的"上，因为重力的作用效果不可能在所有方面都相等。

后来的物理学家们为死力和活力争论了半个世纪，直到 1743 年法国物理学家达朗贝尔（1717—1783）做出了"最后的判决"。达朗贝尔认为这两个物理量都是有效的，都应该进入物理学，但应该用在不同的地方。死力考虑的是力作用的时间性，而活力考虑的是力作用的距离性。时间与距离没有可比性，那么死力和活力也就没有可比性，这是两个不同的物理量——动量与动能。

问 18

　　我们的故事是从天体开始的，现在回到天体上。地球绕着太阳转，它的方向不断改变，也应该有力的作用，这个力从哪来呢？

牛顿： 再来做个实验。

　　你站在高处，向远方扔一块小石头。小石头离开手后，形成一条抛物线，然后落到地球上。你使用的力越大，小石头的水平初速度就越大，它就会被扔得越远；如果你的力气足够大，小石头完全可以绕着地球做圆周运动，而它所受的重力就是速度改变所需要的力。

只要我扔得足够远，你就可以环球航行了。

　　现在把小石头换成地球、把地球换成太阳。那么，地球绕着太阳转，其速度改变来自太阳的重力。不过，我们通常称它为引力。

那么问题来了，为什么太阳会对地球有引力呢？实际上，只要有质量，每个物体都有引力，因此叫"万有引力"。经过多年的努力，我终于找出了万有引力的公式：

$$F = G \cdot \frac{m_1 m_2}{R^2}$$

两个物体之间的万有引力，与它们的距离平方成反比，与质量成正比。公式中的 G 称为"万有引力常数"。万有引力非常微弱，所以 G 是一个非常小的值。

万有引力不仅揭示了天体的运行规律，还解释了潮汐这一千古之谜。潮汐是由月亮和太阳的引力引起的，其中月亮因离地球更近，引力作用占主导地位。我仅以月亮的引力为例来解释一下。靠近月亮一侧的海水会被月亮吸引而涨潮，但地球同时也会被月亮吸引，其引力作用效果大于另一侧的海水，因此另外一侧的海水也会涨潮。

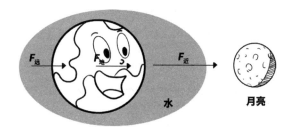

不得不说，潮汐非常复杂，有时一天涨潮一次，有时一天涨潮两次，有时大潮，有时小潮。不管怎么变化，利用万有引力总是可以解释的。

问 19

太阳、地球距离那么远，万有引力是怎么产生作用的？我的意思是，引力和普通力一样需要介质吗？它的作用效果有时间性吗？

牛顿：关于引力作用，一般有两种看法。

（1）近距作用。引力不能凭空存在，必须通过介质才能传输。既然需要介质，那么作用效果肯定有时间性。

（2）超距作用。无须任何介质。既然无须介质，那么作用效果肯定是瞬时的。

笛卡儿受到古典主义的影响，认为力必须通过接触才能产生作用，为此他还搬出了以太。他认为大质量的天体将以太扭转成一个漩涡，行星就在漩涡中绕着中心不断旋转，但是这种想法与开普勒第三定律不符。

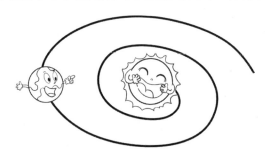

我认为，**引力作用无视介质、无视时间**。这一点可以从万有引力公式中看出来。假设把其中一个物体拿开，那么万有引力瞬间为0。因此，支配宇宙的**万有引力是超距作用**。

问20

万有引力的大小与质量有关，什么是质量？

牛顿：问题越简单，答案往往越复杂。

亚里士多德说，越重的物体重力就越大。轻和重是重量的衡量标准，重量来源于重力，但是质量是物体固有的属性，应当与重力无关，所以不少人提出质量应该定义为物质的量。

到底是物质的什么量呢？物质有大有小，体现在体积上；物质由不同的原子组成，原子间有疏有密，具体表现为密度。因此，密度乘体积就是物质的量。可是我这样说，也会带来新的问题。一般地，物理学用质量来定义密度，现在却用密度来定义质量。这个问题与"先有鸡还是先有蛋"一样，是个死循环。

　　绕开这个死循环也不是不可以，我曾做过很多实验，发现所有物体的质量与其重量都成正比，因此完全可以**用重量来表达物体的质量**。

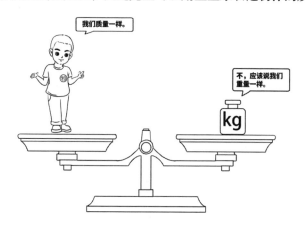

问 21

　　重量来自引力，但宇宙中的引力是不一样的。例如，月球的引力约是地球的 1/6，难道一个质量为 6kg 的物体，放到月球上，就成了 1kg 吗？

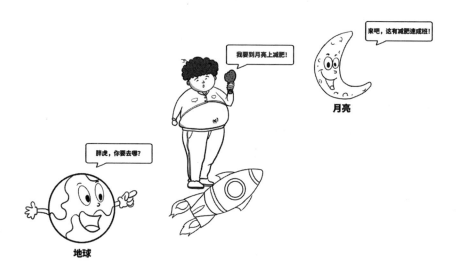

牛顿：想要改变物体的运动状态，就必须克服它的惯性。根据加速度定律，在相同的加速度下，质量与外力成反比，因此完全可以用外力来衡量质量，称为"惯性质量"。但惯性质量往往不太好测量，生活中常常用物体的重量来衡量质量，而重力来自地球的引力，所以称为"引力质量"。

一个物体却有两种质量？不！因为惯性质量和引力质量是等价的，这一点可以通过加速度定律和万有引力定律来证明。所谓等价，就是惯性质量与引力质量的比值是一个常数，最好是 1（相等）。怎样让它们相等呢？很简单，选取合适的万有引力常数（G）——在地球上测量——就可以了。

一个质量为 6kg 的物体，放到月球上，如果用天平来称，天平的刻度依然显示为 6kg，因为砝码的重量也变成原来的 1/6；如果用弹簧秤来称，则刻度显示为 1kg，因为它在月球的重量减小了，但这只是重量与质量的换算，并不表示该物体少了 5kg 的质量，它的惯性质量依然没有变化。

万有引力

力学定律和万有引力定律将宇宙万物的运动纳入统一的力学框架之下，这也是牛顿被后世誉为"人类历史上最伟大的科学家"的主要原因，但这并非宇宙的终章，因为还有很多问题悬而未决。

1692 年，一位叫本特利的神父写信给牛顿：宇宙间万物都彼此吸引，如果宇宙是有限的，那么所有的天体将会因为引力而聚集在一起，宇宙也就不会是静态的、永恒的；如果宇宙是无限的，那么任何恒星将会受到来自各个方向的引力，从而将恒星撕成碎片。

这就是著名的"本特利悖论"，又叫"引力悖论"。但本特利的本意并非讨论万有引力或宇宙，而是想求证上帝的存在，因为不管哪种宇宙，都会因万有引力而变得不可收拾，正是上帝的拨乱反正，才让宇宙又变得井然有序。

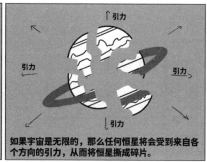

如果宇宙是有限的，那么所有的天体将会因为引力而聚集在一起，宇宙也就不会是静态的、永恒的。

如果宇宙是无限的，那么任何恒星将会受到来自各个方向的引力，从而将恒星撕成碎片。

　　牛顿回信道，他并不否认上帝的存在，但上帝在创造完宇宙之后，就已经制定好了宇宙的运行规则，不会再参与到宇宙的运作中来。他倾向于宇宙是无限的，因为无限的宇宙不存在唯一的中心，宇宙中每个天体会受到各个方向的引力，从而保持平衡。但这种平衡很容易就被打破，可以说牛顿的回答软弱无力。随着现代宇宙学的兴起，人们发现宇宙在不断膨胀，而且膨胀的速度越来越快——与万有引力完全相悖，于是物理学家们提出了新的名词——暗能量，简单点说，暗能量表现出来的正是斥力。

　　此外，地球受到太阳的引力在宇宙中驰骋，万有引力根本无法解释太阳是怎么知道地球的位置而去吸引它的。这个问题后来被"场"理论所解决，但场理论因与牛顿的超距理论产生冲突，差点胎死腹中。

　　超距理论与法国人笛卡儿的观点相左。谁是谁非呢？根据笛卡儿的以太漩涡学说，地球长时间处在以太漩涡中，会变得中间（赤道）瘦两头（南北极）尖——就像搓丸子一样；而根据牛顿的万有引力，中间受力要大，所以中间要肥，两头更圆——就像拉面团一样。1735年，法国国王路易十五命令巴黎科学院测量地球的形状，证实了牛顿的预言，超距作用成为科学界的主流思想。这种思想随着牛顿被神化后变得更加不可动摇，但历史的车轮滚滚向前，一切泥做的神坛都将被碾碎。

本章附录

那些脑洞大开的怪问题

问 1

物理哥在电梯里玩无人机，这时电梯上升，请问无人机会跟着上升吗？

▶ **答** 先讲一个笑话。古代有个吝啬鬼，买了一把纸扇，用了十年，依旧崭新如初。别人问他是怎么做到的，他慢慢地打开扇子，头对着扇子左右摇动起来……

实际上，风并非来自扇子的相对运动，而是扇子扇动了空气，是空气相对于人的运动形成的。无人机也是如此，它的运动与电梯无关，仅仅与电梯内的空气有关。假设电梯一开始静止，无人机在平稳飞行，当电梯上升时，电梯里的空气却相对滞后，因此无人机不会跟着电梯上升，如果以电梯为参照物，无人机会下降。

还有一种情况，假设电梯匀速上升，内部空气与电梯相对静止，此时开启电梯内的无人机，无人机会随着电梯一同运动——就像在地面上开启无人机一样。现实生活中没有这样的电梯，但有基本符合条件的高铁。也就是说，在正在行驶的高铁上开启无人机，无人机会和高铁一同运动。不过，此时无人机并不平稳，因为高铁的运动也不是匀速的。

问2
为什么"月亮走，我也走"？

▶ **答** 这个感觉被称为"月行感"。

小时候，我经常在皓月之下与伙伴们戏耍，每当跑起来，总觉得头顶的月亮会跟着自己走。一日，几个小伙伴一起赏月，突然有个大哥说："你们都错了，月亮没有跟着你们走，而是跟着我走。"于是，大家都觉得月亮跟着他走，而不是跟着自己走了。

上面的故事说明月亮跟着人走是一种视觉假象，并非真实地保持相对静止。

实际上，月亮无时无刻不绕着地球运动，但它离地球太远了，以至于看上去位置没有变化。人在跑步时，总会觉得月亮一直在头顶的某个固定的位置，因为周围的物体在向后运动，所以会感觉月亮跟着自己移动。同样，当我们以"大哥"为参照物时，就会觉得月亮在跟着他移动了。

问 3

如果地球停止公转，你还能活多久？

▶ **答** 地球绕着太阳公转，运动方向不断发生变化，需要力才能发生。这个力正是太阳与地球之间的引力。倘若地球停止公转，那么地球将会像一颗巨大的陨石，径直冲向太阳。根据万有引力定律，地球冲向太阳的加速度与日地距离平方成反比（日地距离，又称为太阳距离，指的是日心到地心的直线长度）。也就是说，地球冲向太阳的加速度不断加大，速度也就越来越快。可以计算出，地球大约在 64 天后抵达太阳，其间会路过金星和水星轨道。

但这并非一段类似暑假的旅行，因为随着地球靠近太阳，地球的温度不断升高，当抵达金星轨道时（大约在 41 天后），地球的平均温度大约在 76℃；当抵达水星轨道时（大约在 57 天后），地球的平均温度已经超过 200℃，此时地球上不存在生命——除非躲在抗高温的宇宙飞船里。到了最后一天，太阳强大的潮汐力（离太阳近的地方引力大，远的地方引力小，引力之差便是潮汐力）会把地球拉成椭圆，地球上到处都是喷涌而出的岩浆。最终地球被"撕成"形式各样的大石头，消失在太阳的怀抱里。

所以，如果地球停止公转，要不了多久，我们就可以永远地"休息"了。

问 4

如果没有摩擦力，世界将会变成什么样？

▶ **答** 古代人搬运大石块，为了减小与地面的摩擦力，会在大石块下垫上圆形的木头；现代人制造了汽车、飞机等运输工具，它们动力的一部分往往要消耗在对抗空气带来的摩擦力上。于是人们会想，要是没有摩擦力该多好，然而摩擦力的消失会带来灾难性的后果。

如果没有摩擦力：

铅笔将无法在纸上写字，

人将无法正常走路，

勺子将无法轻松将食物送到嘴边，

刚吃完的食物只需要几秒就从口腔抵达肛门，

……

看来摩擦力就像虫子一样，根本不分是害虫还是益虫，它的存在只不过是自然界的一种现象。实际上，如果没有摩擦力，宇宙万物都不可能存在。宇宙中存在四种自然力——**引力、电磁力、弱作用力和强作用力**。后两者作用在亚原子上，且不讨论。摩擦力属于电磁力范畴，比如人走路，鞋面与地面摩擦，改变了分子的分布。当分子想要恢复原样时，必然会产生相反的力，从宏观上看就是摩擦力。摩擦力不存在就意味着电磁力不存在，电磁力不存在，宇宙还能存在吗？

问5

为什么骑行中的自行车不会倒，一旦停下就会倒？

▶ **答** 先来做一个实验。车轮轴承的一端被绳子吊起，另一端被人抬起来保持平衡。当人松开手后，轮子肯定会因重力而失去平衡。然而转动车轮再松开手，奇怪的事情发生了，车轮会继续保持平衡状态一段时间。

　　这是因为轮子转动后，具有角动量。与动量类似，**角动量也是守恒的**，不会随意增加或凭空消失。自行车也是如此，被人骑行后，车轮就有转动的角动量，在没有外力作用的情况下会继续保持前行，而不会立刻倒下来。但是，摩擦力、空气阻力等因素始终存在，这些外力导致自行车会慢慢倒向一边，需要人为纠正才能继续前行。

　　用角动量也可以解释地球的自转。把地球看成一个质点，自转并非来自外界，而是来自自身的角动量。但伽利略时代的物理学并没有角动量的概念，因此他将地球自转归为圆惯性，这可能是当时最好的解释。

问 6

　　地球上有 *A*、*B* 两点，*A* 点在 *B* 点的东边，飞机在它们之间往返，如果航线和速度都一样，那么花费的时间是一样的吗？

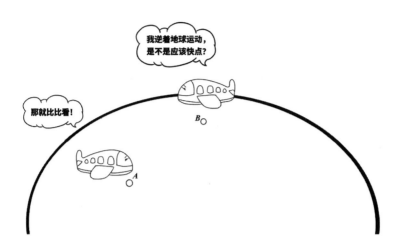

▶ **答** 一样。

A点在东、B点在西，地球自东向西转，表面上看，由A点飞往B点的时间更长。然而飞机与地球处在同一参考系，地球的自转与飞机的飞行方向是没有关系的。

不过，地球自转会产生科里奥利力。什么是科里奥利力？我们来做个演示。在一个巨大的绕中心旋转的圆盘上，一只蚂蚁打算从中心走到边缘的A点，而以中心为参考点，蚂蚁的运动轨迹并不是直线，而是一条曲线，科里奥利力正是让蚂蚁做曲线运动的力。科里奥利力是惯性力的一种，属于假想力。

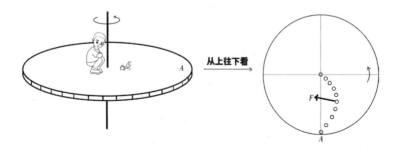

一般地，地球的科里奥利力非常小，所以低速近距离的运动不需要考虑到它。举个例子，扔一颗手榴弹只需要考虑它的抛物线运动，但发射一颗远程炮弹时，必须根据大炮所在的纬度、炮弹的速度和发射角度

来计算科里奥利力带来的轨迹变化。

科里奥利力对大气的流动产生了很大的影响，所以飞机往返地球两点的航线是不一样的，这也是航班时长不一样的主要原因。

问7

篮球运动员跳投后往往有滞空，滞空是怎么一回事？

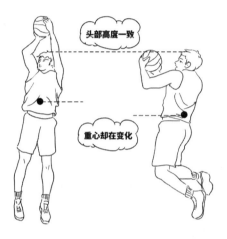

▶ **答** 一个人跳起来后，他只会受到重力和空气的浮力。但空气的浮力相对重力非常微弱，可以忽略不计。如果将人看成一个质点，那么他的运动只可能是自由落体或是抛物线运动。从这个角度来看，滞空应该是不存在的。

但是，篮球运动员可以通过手臂和双腿收缩及舒展改变质点重心的高度，从而产生滞空视觉效果。

滞空需要很强的肌肉爆发力，如今很多篮球运动员都可以通过改变重心高度实现滞空。当他们面对一些肌肉爆发力比较弱的球员时，就会产生先跳后落的现象，这种参照会让人眼感觉滞空了很长时间。

问8

如何用物理知识解释贝克汉姆的"圆月弯刀"？

▶ **答** 这是一个典型的马格努斯效应。

如果你是球迷，一定知道贝克汉姆的"圆月弯刀"指的是什么；如果你不是球迷，大概率也会知道贝克汉姆是谁。

万人迷小贝就是凭借自己的贝氏弧线（指的是他的任意球功夫）在江湖上扬名立万的。没踢过足球的人可能很好奇，为什么足球在空中能拐弯呢？

运动员在踢球的一瞬间，脚背与足球的摩擦力使足球开始旋转。当足球在空中一边前进一边自转时，与空气的摩擦力使足球周围的空气也跟着旋转。在足球的一侧，旋转空气与迎面而来的空气方向相同，使得气流加快；在另一侧，旋转空气与迎面而来的空气方向相反，气流减弱。而流速大的地方压强小，流速小的地方压强大，因此足球的两侧就会产生压强差，这就给予了足球一个水平方向力，从而使足球在水平方向上转弯。

 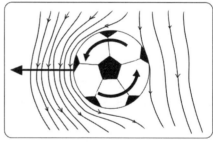

马格努斯效应属于流体力学现象，在乒乓球、网球等比赛中也很常见。从本质上说，它是由物体旋转带来的。

问9

如果月球突然消失，地球会变成什么样？

···

▶ **答** 如果月球突然消失，那么日食、月食、潮汐等这些肉眼可见的现象肯定会最先消失。而那些原本肉眼不可见的现象也会暴露出来。地球无时无刻不在自转，如果外力全部消失，那么地球将会因角动量守恒

而保持一种姿势转下去。但外力不会消失，而且非常复杂，从而导致地球的自转轴大约以 25786 年为周期在空中画一个圆圈。这种现象叫作地球的进动。

后来，天文学家发现地球不仅有进动还有章动。什么是章动呢？原来地球自转轴在空中画的圈不是平滑的，而是有些扰动，这就是章动现象，周期大约为 18.6 年。

地轴的进动和章动主要是由太阳、月亮的引力及地球形状等因素造成的。如果没有月球，那么地轴的进动和章动变化会非常大。我们知道，地球的四季主要是由地轴倾斜引起的，如果地轴方向出现大幅度震荡，那么地球上的气候也会出现紊乱，几万年后，地球极有可能会迎来第六次物种大灭绝。以地球的邻居火星为例，火星没有卫星，它的自转轴角度就在 13 度至 40 度之间变化。

实际上，月球在地球的生命演化过程中扮演了非常重要的角色。一些学说认为在地球形成早期，地球自转速度是一圈 6 小时，正是因为月球的引力让海水与大地产生摩擦，减缓了地球的自转速度。如果地球自转速度太快，海水由于离心力会变得十分"躁动"，气候也十分不稳定，很难说地球能进化出高等生命。

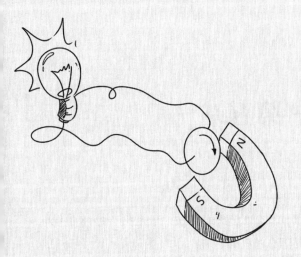

02
Part

搅局的电磁波

完全自觉自醒的无知是每一次科学进步的前奏。——詹姆斯·麦克斯韦

About Me

　　大家好，我是物理哥，从小喜欢问各种奇怪的问题，长大后经常回答各种奇怪的问题。今天，我会坐上时光机回到过去，带领读者领略历史上的大贤们是如何看待这些问题的。

库仑

奥斯特

法拉第

麦克斯韦

赫兹

即将登场的大贤们

- 第五站 -

牛顿之后，静电力是如何作用的还悬而未决，于是我来到 18 世纪的法国，去看看工程师库仑是怎么解决的。

思想革新

科学贡献

历史影响

库仑

（1736—1806）

库仑最伟大之处在于发现了"库仑定律"；库仑定律最伟大之处在于它是静电学中的"Home"键。从它出发，一切静电学公式都可以被称为定理——可以被推导出来。

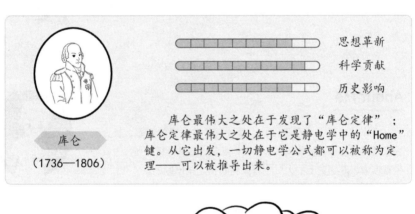

如果静电力和磁力与万有引力公式一样，是不是意味着我们仍然活在牛顿力学所支配的宇宙中？

库仑

> **问1**
>
> 静电力和万有引力一样，都可以远距离相互作用，那么它们是否遵守同样的物理规律呢？

库仑：牛顿发现万有引力定律之后，人们纷纷猜测静电力和磁力与万有引力具有同样的作用形式，即**力的作用与距离平方成反比**。许多科学家包括牛顿都朝着这个方向努力，但都没有从实验中得出正确的结论。

我设计了一个实验，它需要用到一个扭秤，在真空玻璃罩内放置三个小球——两个带电小球和一个平衡球。带电小球和平衡球之间用一个悬丝吊起来。当悬丝转动后，通过测量角度，就可以计算出测电小球所受的静电力。送电小球可以改变其中一个带电小球的电荷量，从而推导出静电力的关系式。

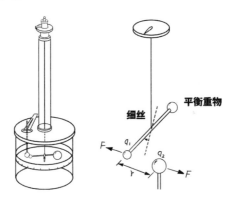

经过大量测量与计算，我得出静电力的关系式：

$$F = k\frac{q_1 q_2}{r^2}$$

其中，q_1 和 q_2 表示小球的带电量，r 表示两个小球的距离，k 是一个常数，与万有引力公式中的 G 类似。

这个公式就像万有引力公式的孪生兄弟，可见世间万物具有统一性。不仅如此，这个实验还论证了超距理论的正确性，因为我把玻璃罩抽成了真空。既然静电力不需要媒介，那么引力也应该和静电力一样，是超距作用。

问2

我一直很好奇，那个时候根本没有电量检测仪器，你是怎么测量小球的带电量呢？

库仑： 我做了一个实验。有两个小球，它们由同种材质制成，大小一样、形状一样，一个带电、一个不带电，经过充分的时间接触后，它们的带电量会怎样？我想你也猜到了，它们的电量是均分的。我从实验中验证了这一点。

既然电量均分，我制作了许多一模一样的小球，其中一个小球带电，将它的带电量定为 1，它们之间相互接触，就能得到带电量为 1/2、1/4、1/16……的小球。从本质上说，本次实验中的电量是相对的。

电的故事

某天，古希腊的泰勒斯（约前 624—前 547）正在研究磁铁，他的丝绸衣服不小心碰到了琥珀，摩擦之后也能像磁铁一样吸引一些细小的物体，于是他把这个现象记录了下来。两千多年后的 1600 年，英国医生吉尔伯特（1544—1603）寻着泰勒斯的足迹，总结了许多电磁规律并将它们写在《论磁》中，后来这本书被开普勒读到了……

那时候英文中还没有"电"的专属词汇，吉尔伯特就根据希腊文中的"琥珀"创造了英文的"电"。电是什么呢？1720 年，英国科学家格雷（1666—1736）将导线绕在屋梁上，其中一端接触带电的球体，另一端就可以吸附小屑末，这说明电是可以传导的。格雷认为电是一种物体或元素，称为"电素"。电素能像水一般流动，因此也被称为"电流体"。

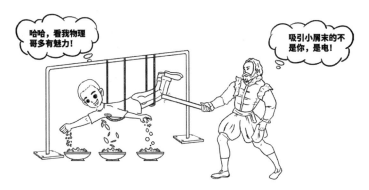

1733 年，法国科学家杜菲（1698—1739）发现两根用丝绸摩擦的玻璃棒会相互排斥，却和毛皮摩擦过的琥珀相吸引——同性相斥、异性相吸，由此认为电分为两种——"玻璃电"和"琥珀电"。美国科学家本杰明·富兰克林（1706—1790）通过电荷守恒实验证实了杜菲的论断。既然仅有两种电流体，且能相互抵消，不如用"正电"和"负电"来命名更为直接。

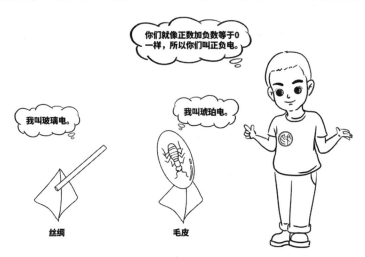

富兰克林将电流体命名为"电荷"，荷是"负载"的意思，电荷可以理解为负载电的小微粒。他将电荷比作水，水流动起来叫水流，电荷流

动起来就叫"电流"。后来人们习惯性将正电荷流动的方向定义为电流方向。

1745年左右，荷兰莱顿大学的物理学教授马森布罗克（1692—1761）在做实验的时候，不小心把一个带电的钉子碰到了桌子下方的玻璃瓶里。他以为钉子上的电很快会跑光，所以徒手去拿，没想到被电了一下。他发现玻璃瓶可以将电存储起来，这就是最早的电容器——莱顿瓶。

关于电容，有个非常有趣的故事。1780年，意大利动物学家伽伐尼（1737—1798）在解剖青蛙时发现，刀叉碰到死掉的青蛙后，蛙腿就会剧烈地抽搐和痉挛，就像诈尸一般，同时还会产生电火花。伽伐尼不知何故，后来得知美洲有一种带电的电鳗鱼，他茅塞顿开，认为动物体就是一个莱顿瓶，里面装着"动物电"。

意大利科学家伏特（1745—1827）看到伽伐尼的文章后，一开始对伽伐尼假说深信不疑，但重复实验后发现电并不是来自青蛙，而是来自手中的刀叉，于是他得出结论：电流的本质是不同金属接触产生的。伏特在大量的实验上建立了"伏特序列"，只要按这个序列将任意两种金属接触，排在前面的金属带正电，排在后面的金属带负电。他突发奇想：如果将这些金属首尾串联，堆在一起，就能使用上持续的电流了，因此称为"电堆"，这也是现在干电池最初的样子。

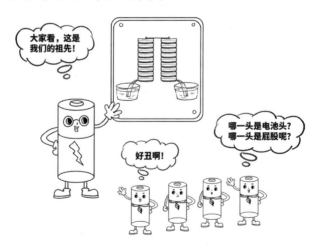

在伏特之前，电磁学就像折了翅膀的鸟，难以高飞。究其原因，物理哥认为与静电所产生的电流转瞬即逝有关——还没怎么开始，就快要结束了，以至于人们的研究方向总是被限制在是否符合牛顿力学的框架之内。伏特发明的电堆大大地改变了这点，因此被誉为"史上最神奇的发明之一"。不过，低调的伏特给这个神奇的发明取名为"伽伐尼电堆"。

后来，伏特总结了电流的流动现象：电流如水流，水会因为地势由高往低流，那么电流的流动肯定也是因为某种"势"。伏特将其命名为"电势"，电势与地势一样，有高有低，它们之间的差值称为"电势差"，也就是我们常说的"电压"。

那么问题来了，电是怎么来的呢？摩擦为什么可以起电呢？金属之间为什么会产生持续的电流呢？在伏特时代不可能得到答案。19世纪末20世纪初，科学家们成功地"打开"了原子，随后建立了原子内部模型。

原子由一个原子核和核外电子组成，每个电子带一个单位负电，原子核带正电，其带电量与核外电子带电量相等，从而保证原子是电中性的。电子分层绕着原子核旋转，最外层的称为"价电子"，除去价电子，剩下的称为"原子实"。

物质由分子和原子组成。不同的物质束缚价电子的能力不一样，它们相互摩擦后，束缚能力强的会将能力弱的电子吸附过来，从而带上负电。纯金属是由原子组成的，它们的价电子几乎都很活跃，经常在原子间飘来飘去，就像气体分子一样，因此称为"电气"。

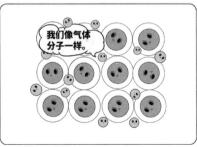

电子和气体分子一样，无规则地运动，所以单一金属并不会产生电

流。不同金属束缚价电子的能力不一，当两种不同金属接触后，电子会朝着束缚能力强的移动，从而产生电流。需要特别注意的是，电子带负电，它移动的方向与电流方向正好相反。

本节花了大量的篇幅讲述了电的故事，对磁却只字未提。它和电有什么联系呢？在 19 世纪以前有两种观点，一种是二者没有任何联系，另一种是它们之间可以相互转化。哪种正确呢？丹麦科学家奥斯特和英国科学家法拉第将会揭晓答案。

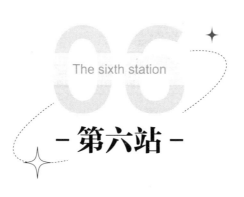

为了寻找电和磁的联系，我来到 19 世纪的丹麦和英国，在这里我将拜访奥斯特和法拉第。

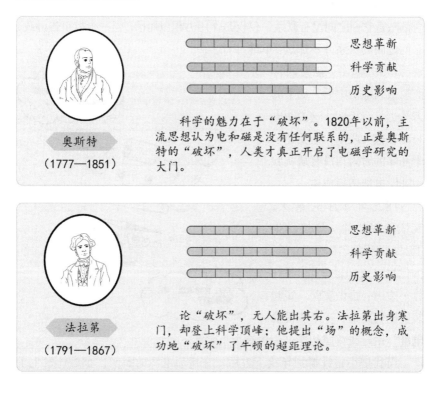

思想革新

科学贡献

历史影响

奥斯特

（1777—1851）

科学的魅力在于"破坏"。1820年以前，主流思想认为电和磁是没有任何联系的，正是奥斯特的"破坏"，人类才真正开启了电磁学研究的大门。

思想革新

科学贡献

历史影响

法拉第

（1791—1867）

论"破坏"，无人能出其右。法拉第出身寒门，却登上科学顶峰；他提出"场"的概念，成功地"破坏"了牛顿的超距理论。

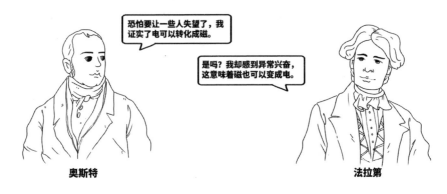

奥斯特

法拉第

问 3

电和磁有很多相似之处，它们之间可以相互转化吗？

奥斯特：长久以来，这个问题一直是人们讨论的焦点。吉尔伯特和库仑都断言它们之间没有联系，仅仅是作用力相似而已。但一个故事告诉我，它们之间的关系并不那么"单纯"。

1735 年，一艘大西洋商船被闪电击中后，船上的刀叉也具有磁性，这说明电与磁有很大联系，但我花了十几年的时间却没有从实验中证明电能转换成磁。

1820 年 4 月的某天，我依然跟往常一样给学生上课。课程的名称是"电学、伽伐尼电流和磁学"。我打算一边讲一边做实验。实验装置比较简单，一个伽伐尼电堆，用导线首尾相连，旁边有个小磁针。

当我把小磁针挪到导线下方后，在接通电源的瞬间，小磁针发生了

轻微的晃动。当时听众非常多，轻微晃动也可能是其他因素导致的，为此在之后的 4 个月内，我做了 60 多次实验，确定了电与磁的联系。既然二者有联系，为什么到现在才被发现？其实产生磁的不是静电，而是电流，因此称为"电流磁效应"。

不得不说，要不是伏特发明的电堆产生了比较恒定的电流，恐怕没人能从实验中找到电和磁之间的联系。

问 4
电流能产生磁，磁能产生电吗？

法拉第：我用一个简单的实验证明了磁也能产生电。在一个圆形铁环两边绕上绝缘的线圈，一边接电源，另一边放置一个检测电流的小磁针。很显然，两个线圈并不相通，右侧线圈没有电流。当开关合上或断开时，左侧线圈会通电，产生磁，磁经过铁环后，被右侧线圈所感应，产生电流，因此叫作"电磁感应"。

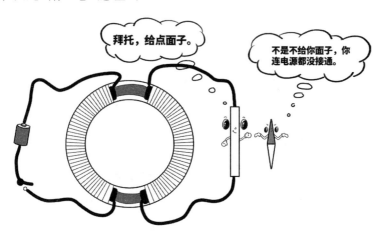

这个实验看上去很简单，却花费了我五六年的时间。实际上，在奥斯特发现电流磁效应后，欧洲很多科学家都在做磁产生电的实验。最接近答案的是瑞士科学家科拉顿（1802—1893）。他设计的实验和我的差不多，只是他为了避免线圈对小磁针的干扰，将小磁针和线圈分别放置在两个房间里。当他放下右边的磁铁，跑到左边的房间时，发现小磁针并没有转动——实际上，小磁针已经转回原来的位置了。

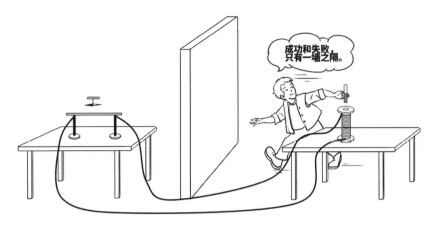

问5

　　可怜的科拉顿，要是有个助手，他就不用跑来跑去，历史有可能会被改写！我一直很好奇，为什么当科拉顿跑到原来的房间时，小磁针会恢复原样？

　　法拉第：问你一个问题，你是否觉得一个假期之后，起床有点困难？这是因为你并不想改变长期睡懒觉的习惯，除非有外部因素干扰。

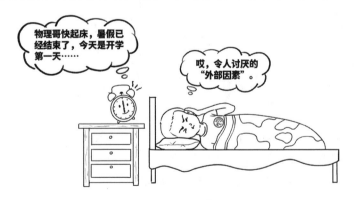

尽管物体没有意识，但它们也存在这种"惰性"。就拿惯性来说，为什么物体总会保持静止或匀速直线运动？因为它们也"不想"改变。我想"惯性"放在电磁感应上也是成立的。

让我们来简化实验装置，一个电源与开关和线圈连接，线圈本来没有磁。当开关闭合时，线圈电流发生变化，但是线圈具有某种"惯性"，总想保持原来的样子，就会产生与电流方向**相反**的感应电流。

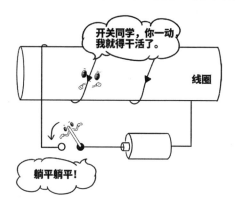

当开关闭合时间足够长时，线圈的电流必然处于稳定状态，感应电流也就没有了。同样，当开关打开时，电流减小，线圈想保持原来的样子，会产生与电流方向**相同**的感应电流。这就好比一人拉一辆车，车子原本静止，费了好大力拉动后，想停下也是不容易的。

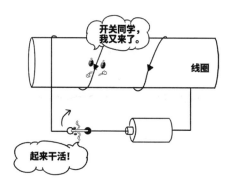

为了解释这一问题，我创造了新的概念，叫"电应力态"。也就是说，

一个磁体周围有电应力态，当导体或闭合线圈在其周围运动时，电荷受到应力作用，从而产生电流，也就是感应电流。

为了说清电应力态，我又提出了"磁力线"。它是受日常生活中的一个小现象启发得到的：将一些铁屑放到白纸板上，下面放一块磁铁，铁屑有规则地分布开来。

有磁力线就有电力线，为了更好地"管理"这些力线，我又提出了"场"的概念。电周围有电场、磁周围有磁场，**一切电磁现象都可以用场来解释。**

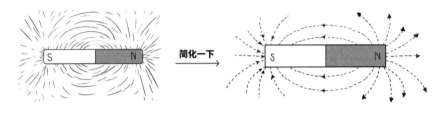

简化一下

问6

场是什么？它是什么样子的？

法拉第：提到场，我想不少人会想到商场、市场、足球场等，这里的场指的都是特定的场所。

物理学中的场不是一个区域性的概念，而是描述在某个空间区域中，接触或不接触的两个物体之间的相互作用。我们就以电场为例。

我手里拿了一个带电量为 Q 的球形电荷，谁都看不见它周围有什么。现在你拿一个带电量为 q 的小球慢慢靠近我手中的带电大球。毫无疑问，你能感受到手中的小球被吸引。假设你手中的带电小球是理想的，即半径足够小、电荷足够小，对我手中带电大球产生的影响可以忽略不计；再假设能把相同引力的地方用线连起来，就能得到一圈圈的同心圆——这是库仑定律所决定的。

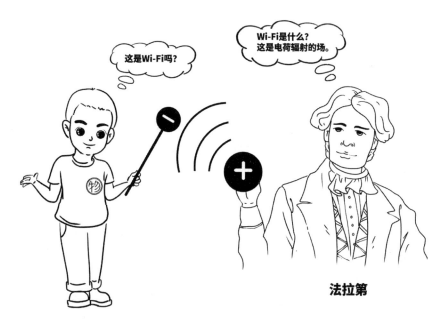

法拉第

然而，库仑定律定义的是两个或两个以上电荷之间的力。难道你不拿小球靠近我手中的大球，大球的物理效果就没有了吗？显然不是，这种物理效果应该一直存在。这就好比你去菜市场买菜，产生了买卖行为，但你没去，菜市场依然存在。

有了力线和场，电和磁的一切力学行为都可以借助它们来表达，例如，电荷间的**同性相斥、异性相吸**。

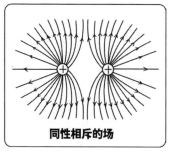

同性相斥的场

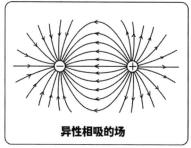

异性相吸的场

什么是场?

在 19 世纪的理论物理学中,恐怕没有哪个概念的重要性能与"场"相提并论。它就像伽利略所提出的"惯性"一样,让物理学这艘大船朝着正确的方向航行。

牛顿在提出万有引力后,遇到一个问题:太阳是怎么知道地球的位置而去吸引它的?没有哪条力学定律可以解释,但场就不一样了。太阳形成一个引力场,在该引力场中的物体都能受太阳的吸引。这种关系就像钓鱼和撒网捕鱼一样。

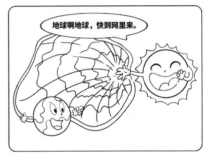

然而场也带来一些新的问题。法拉第在建立电场和磁场的概念后,发现电场与磁场之间的转化不是瞬时的,而是**有时间性的**。尽管他没能从实验中证实这点(主要是因为电磁场的传播速度是光速,很难测量),**但场概念无疑挑战了超距理论**的地位。当时很多科学家——尤其是德国的——纷纷站出来批判场概念,于是形成了两大对立阵营:场理论和超距理论。坚持超距理论的人认为场只是一个虚拟的概念,不是物质或能量的形式,虽然它可以让电磁学变得简单,但只是一个工具。

这场争论没有持续多久。不久后,英国物理学家麦克斯韦在前人的基础上建立了电磁学方程,还预言了电磁场与电磁波的存在。又过了不久,德国科学家赫兹在实验室里找到了电磁波,证实了麦克斯韦的预言,也悄悄地将牛顿拉下神坛——人终究是人,不可能成为神。

20 世纪初,量子场论开始兴起,随着观测手段的进步,物理学家们不断刷新人类对场的认识。量子场论认为组成物质的基本粒子(如电子、光子等）都有与之对应的量子场，量子场有能量态，由低向高便激发出粒子，反之则粒子湮灭。不同粒子之间的转化也是两个不同场之间相互作用的结果。举个例子，电子由量子化的电子场激发产生，而电子与正电子结合后会湮灭，释放出光子，光子是电磁波传递的基本粒子，它没有静止质量。从这个角度出发，或许物质才是人类虚拟出来的，场才是事物的本质；又或许以人类目前的知识水平，谈论"本质"还为时尚早。

本书主旨是介绍相对论，无意在哲学问题上不断绕下去。法拉第提出的场还与相对运动产生悖论。我们知道，电荷会产生电场，电荷移动会产生电流，电流会产生磁场——奥斯特实验已经证明了这点。**假设有A和B两个人，A手上拿了一个带电小球，当A和B相对静止时，B只能测量到电场；但当B跑起来后（相对A移动），他却既能测量到电场又能测量到磁场。**

这是电磁学发展带来的第一个悖论，另一个悖论与电磁波有关。电磁波是什么？它真的存在吗？我继续寻找着答案。

我离电磁学的终点只有一步之遥，于是我拜访了麦克斯韦和赫兹。

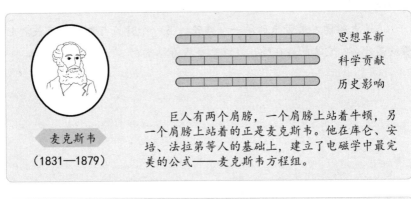

思想革新

科学贡献

历史影响

麦克斯韦

（1831—1879）

巨人有两个肩膀，一个肩膀上站着牛顿，另一个肩膀上站着的正是麦克斯韦。他在库仑、安培、法拉第等人的基础上，建立了电磁学中最完美的公式——麦克斯韦方程组。

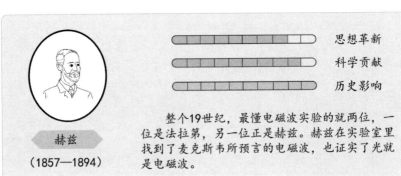

思想革新

科学贡献

历史影响

赫兹

（1857—1894）

整个19世纪，最懂电磁波实验的就两位，一位是法拉第，另一位正是赫兹。赫兹在实验室里找到了麦克斯韦所预言的电磁波，也证实了光就是电磁波。

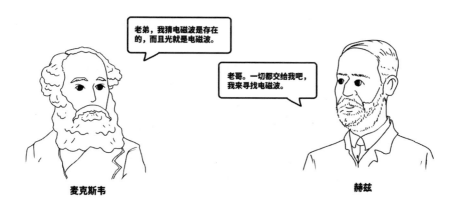

麦克斯韦

赫兹

　　在电磁学中，如果一切力学行为都可以用场来描述，那么如何描述电场与磁场之间的相互转化？

　　麦克斯韦：法拉第是一位伟大的物理学家。他曾做过许多实验，将产生的电磁感应现象分为五大类，最后从这些现象中得出结论：变化的磁场会产生电场。

　　在我看来，电与磁是对称的，也就是说，变化的电场也应该产生磁场。为此我提出了两个假说，一个是分子涡旋，另一个是位移电流。

　　物质由分子和原子组成，分子和原子中有以太，内部的结构呈涡旋状。由于涡旋方向杂乱无章，因此不呈现磁性。当外部存在磁场时，这些涡旋状的分子方向变得一致，从而产生磁场。分子与分子之间有一层细小带电的微粒，当外部有电场时，带电小微粒向同一个方向运动，从而将涡旋状的分子带动起来，让后者取向一致，也就产生了磁场。这就是分子涡旋假说。

　　为了进一步统一电磁场，我又提出了位移电流。变化的磁场可以产生电场，但不一定产生感应电流，因为产生感应电流的另一个条件是闭合回路。然而即使没有感应电流，感应电动势也是存在的，于是我将感应电动势等效成位移电流所产生的电力学效果。需要说明的是，位移电流不是真实的电流，而是电场变化的一种体现。有了位移电流，电场与磁场之间的关系就可以改成：**变化的电场产生磁场，变化的磁场产生电场。**

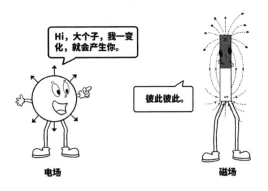

问8

变化的电场产生磁场，变化的磁场产生电场。假设有一种变化电场，它会产生变化磁场，而产生的变化磁场又能产生变化电场……如此反复下去，会产生怎样的结果？

麦克斯韦： 先来解释一下场与波的关系。假设有一个带电小球，它周围存在电场，现在拿另外一个带电小球慢慢靠近它，毫无疑问，刚才的电场正在发生变化。场的变化正是通过波来实现的。

我们必须注意到，变化的电场会产生磁场，而变化的磁场又产生电磁，因此当两个小球靠近时，它们之间的场变化非常复杂，我将其称为电磁场，**而电磁场的变化正是通过电磁波来实现的**，因此我大胆预言电磁波的存在。

如果电磁波是真实的，那么一定可以用一个方程去描述它。我总结了前人的劳动成果建立了一系列的方程组，又推导了电磁波的波动方程。根据波动方程，我推导出电磁波在真空中的波速为：

$$v = 1/\sqrt{\varepsilon_0 \mu_0}$$

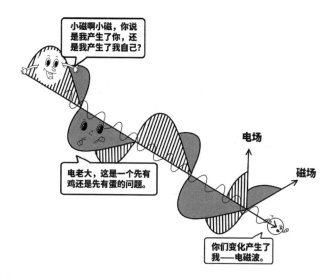

其中，ε_0 为真空的电容率，μ_0 为真空的磁导率，这两个数值都可以由实验测出来，所以电磁波在真空中的波速也能计算出来。

不算不知道，一算吓一跳，电磁波的速度与前些年科学家测量的光速一模一样，因此我大胆预言光就是电磁波。

什么是波？

向池塘里扔一块小石头，水面就会掀起一层层的涟漪，这就是波。

物理学中的波比生活中的波要复杂一点。比如手拿绳子一端，不停地上下抖动，绳子就跟水波一样，向前移动。假设在绳子上画个黑点，黑点只会上下运动，并没有向前移动。这说明绳子向前移动只是人的感觉，绳子上的每个质点都在

做上下运动。

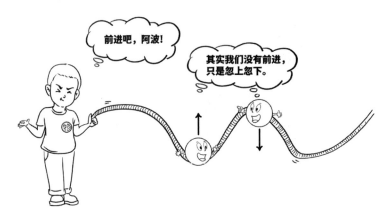

前进吧，阿波！

其实我们没有前进，只是忽上忽下。

　　然而我们只看到了水和绳子，波在哪呢？其实波不是实物，而是一种运动方式。物体运动就有能量，所以波也是一种传输能量的方式，而这个能量来自波源的振动。如果没有抖动绳子（波源），绳子也就不会形成波。但波源振动并不是波运动存在的唯一条件，因为还要载体（绳子），也就是说，**波不能独立于载体而存在**。

　　波的运动符合牛顿力学定律，但仅仅将波看成简单的质点运动是不恰当的，因为波运动存在重复。有重复就有周期，有周期就有它的倒数——频率。周期的意思是几秒重复一次，频率的意思是一秒重复几次。一人一天吃三顿饭，吃饭的周期为 28800 秒，频率为 1/28800 次/秒，采用国际单位为 1/28800Hz（Hz 读作赫兹，是频率的单位，一秒一次即为 1Hz）。

　　每个物体都有固有频率，当外力的振动频率与固有频率一致时，就会产生共振。关于共振，初中物理上有个非常有趣的实验：一组音叉排成一行，敲动一个音叉，只有和它固有频率一致的音叉才会发出声音，这正是共振所产生的。

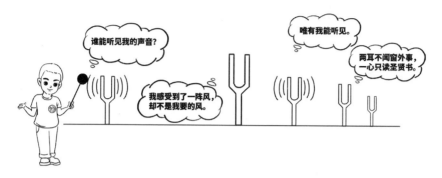

除共振外，波运动还具有**衍射和干涉**这两个特别的性质，以水波为例。一个人站在岸上向水中扔一块小石头，会掀起一层层的水波。水波会被水面上的漂浮物给挡住，假设漂浮物的大小和水波波长差不多，那么水波会绕开它，形成新的波，继续传播。这就是波的衍射现象。假设这个人同时往水中扔两块小石头，水面就有两列一层层的水波。当这两列水波相遇时，会"你影响我、我影响你"，在一些地方起伏更大，而有的地方则很平静。这就是波的干涉现象。衍射和干涉是波的两种重要特征。反过来看，假设一个物体产生了衍射或干涉，则证明它是波动的。

以上所说的都是机械波。电磁波又是怎样的呢？首先电磁波并不是由机械振动产生，而是电磁场之间的转化产生的。麦克斯韦为了统一电磁理论，建立了分子涡旋假说。分子涡旋非常复杂与抽象，虽然从一定程度上解释了电场与磁场之间是如何转化形成电磁场的，但存在的问题也不少，以至于麦克斯韦在建立该假说之后，就很少提到它。实际上，伴随着整个量子力学，人们总希望从经典物理的角度来解释一些量子现象——如电子自旋、概率波等，但最终发现是徒劳的，也不是正确解开物理学奥秘的关键。也就是说，人们无须为电磁波的诞生画一幅可以用经典物理解释得通的图像。

不过，在爱因斯坦提出相对论以前，人们认为电磁波也和机械波一样，需要传递介质，于是人们再次想到了以太。以太何在？以太弥漫在整个宇宙中，凡是光（电磁波）能到达的地方就有以太。**那么问题来了，麦克斯韦通过计算得出光在真空中的速度是恒定的，而伽利略的相对运动却**

告诉我们速度是相对的，恒定光速是相对谁而言的呢？这是电磁学带来的第二个谜题。

问 9

怎样证明电磁波的存在？

赫兹：要从实验室里找出电磁波，只需要两步就够了。一是产生电磁波，二是检查到它。

电磁波如何产生呢？麦克斯韦曾预言**放电现象会产生电磁波**，而放电现象我经常是在实验中遇到。一对铜球组成的莱顿瓶（电容）和线圈（电感）并联连上电源，开关闭合后再打开，铜球之间的电场与线圈之间的磁场会相互震荡，如果小铜球之间的电压足够高，会击穿铜球之间的空气，产生放电现象。一个产生电磁波的设备就制作好了。

放电产生的是电磁波吗？还得检测才行。我用波的共振原理制作了一对和发射设备相同的接收小球。假设放电产生的是电磁波，那么接收电磁波的小球之间也会产生放电现象。

功夫不负有心人。经过多年的努力，我终于在暗室中看到了接收小球上的电火花，这足以证明麦克斯韦是正确的。

星星之火，可以燎原。可不要小瞧这微弱的电火花，它将点燃未来的科技之火。

光是电磁波吗？

赫兹：麦克斯韦根据电磁波的速度与光速一致，推测光是电磁波。那么，现在我就把电磁波的速度测出来。怎样测量呢？两列波相遇会发生干涉，如果这两列波的波速、频率一样，有可能会产生驻波。此时的波只做上下运动，看上去就像驻足停留了一样。波峰和波谷处能量较大，而波节处能量为 0。

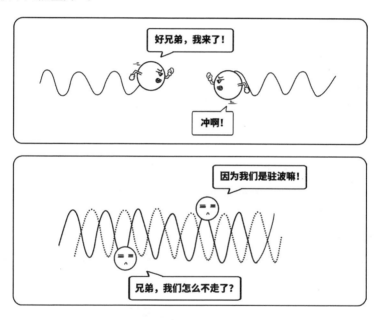

我在电磁发生设备前放了一块锌板，它会反射电磁波。根据电磁波的频率（通过感应线圈可以计算得出），调整好锌板的位置，理论上会形成驻波。再用接收设备测量电磁波，有些地方放电非常强烈（波峰和波谷），而有些地方没有放电（波节）。两个相邻放电强烈处之间的长度就是半个波长，由此可以计算出电磁波的速度——与光速十分接近。

后来，我还做了很多实验，证明光与电磁波具有同样的性质，更加证实了麦克斯韦的预言。

本章附录

那些脑洞大开的怪问题

问1

为什么小鸟经常在电线上逗留，却不会被电死？

▶ **答** 被电死是因为流经身体的电流过大。根据欧姆定律（电压＝电阻 × 电流），流经身体的电流可以换算成电压。被电死还受持续时间制约，持续时间越短，被电死的可能性也就越小。举个例子，有时闪电的电压高达几百万伏，但有的人却能在被闪电击中后生还，正是因为接触时间很短的缘故。

站在电线上的小鸟没被电死的原因有很多，最主要的一个原因是流经小鸟身体的电流非常小。

假设我能被电死，你们人类还架电线吗？

根据基尔霍夫定律，并联电路各分路电压相等，小鸟身上的电压与两个爪子间的电压相等。由于导线的电阻很小，电压也就很小，所以小鸟身上的电压非常低，流经小鸟身体的电流很小，小鸟就不会被电死了。

假设有只大鸟，它在电线上做了个"大劈叉"，两爪分别踩在两根线上，如果两根线的电压差很大，那这只鸟的生命就走到了终点。也许你会觉得没有这么笨的鸟，但绝对有如此粗心的人。物理哥小时候在农村长大（20世纪90年代），有一家买了冰箱，在运输的途中，冰箱顶同时触碰了户外的两根线（一零一火），结果线上的小鸟被电死了一大片。

问2

插头插入插座的一瞬间，为什么偶尔会有火光？

▶ **答** 这是一种电弧放电现象。

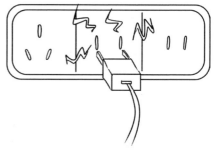

空气作为一种绝缘体，它本身是难以导电的，但在高电压下会发生电离。电离的意思是，让电子从原子、分子中剥离出来，形成自由电子。自由电子在电磁场中的移动便形成了电流。

插头在插入插座的瞬间，由于表面并非完全光滑，可能会存在一些细微的空隙。当空隙中的空气被电离时，就会产生电弧放电现象，同时还伴随着火花和噼里啪啦的声音。

与之类似，闪电是自然界中最常见的放电现象。云层中的水分子因摩擦而带上静电，通常情况下，正电荷位于云层上部，负电荷位于云层下部。底部的电荷与地面间形成强大的电场，当电场强度超过空气的绝缘能力时，就会使空气电离，形成一个离子通道。电流沿着这个通道快速流动，又使周围空气温度升高，进而发出雷声与闪光。

问3

光是电磁波，但人眼只能看见可见光波段。如果人眼能看见其他波段，将会看到怎样的世界？

▶ **答** 以下是一张简单的电磁波的光谱图。由图可见，人眼能看见的光实在太少了，要是能看见所有频率的光，世界是不是更加美好呢？我们从可见光区域向两边扩展一下。

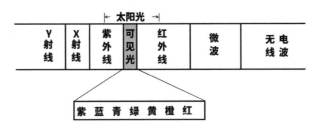

（1）紫外线。太阳光谱中含有紫外线，但大部分进入大气后就被臭氧层吸收了。如果人眼能看见紫外线，那么物体的颜色会偏向紫色，如天空不再蔚蓝，而是蓝紫色的。一些做过眼球手术的人能看到频率较低的紫外线。

（2）X射线。X射线有很强的穿透能力，能让身体里的分子发生电离，生活中的X射线都采用隔离措施，一般遇不到。如果人眼能看见X射线，那么进地铁安检的时候会发现里面是亮的。

（3）γ射线。γ射线频率非常高，几乎可以穿透一切，但日常生活中没有γ光源，即使人眼能看见γ光，世界可能也没有多大变化。

（4）红外线。任何一个物体都向外辐射电磁波，电磁波的频率受温度影响。温度高于200K（零下73°）的物体辐射的电磁波涵盖红外波段，也就是说，如果人眼能看见红外线，那么温度高于零下73°的物体都成了光源。

（5）微波。整个宇宙到处都有宇宙大爆炸遗留下来的背景光——微波背景辐射。如果人眼能看见微波，那么我们的四周都是光源。

（6）无线电波。无线电波波长很长，很容易产生干涉与衍射，如果人眼能看见无线电波，那么除周围物体都成了发光体外，我们还能在空间中看到忽明忽暗的图形。

以上都是基于光谱频率的一种猜测，没有任何实验支撑。中国有句古话叫"眼不见，心不烦"，假设人眼可以看到更广阔的光，可能会让生活更加糟糕，大脑甚至因接收了太多信息而死亡。

问 4

Wi-Fi有辐射，过安检也有辐射，它们对人体健康有影响吗？

▶ **答** 人类受电磁波的影响程度主要取决于 3 个因素：电磁波的频率、功率和受辐射的时间。Wi-Fi属于频率较低的微波段，不会对人体分子产生电离效应。一般无线路由器的功率约为 10 毫瓦，不及手机的 1/10。尽管人长时间处在Wi-Fi环境下，但目前还没有十足的证据能证明它对人体产生负面影响。假设Wi-Fi的功率比较大，那么人处在其中就会感到明显的热效应，与晒太阳类似。

过安检情况复杂一点，要分为人过安检门和行李过安检机。安检门中的线圈会产生一个电磁场，当金属进入后，会产生感应电流，这个电流会影响原来的电磁场，从而触发报警系统。安检门所产生的电磁波频率比Wi-Fi还要小，也属于无线电波段，不会对人体产生伤害。

行李过安检机是经过 X 射线的照射。X 射线有很强的透射能力，能轻而易举地看清行李中的物品，但 X 射线的频率非常高，人们担心它会破坏行李中的食品，从而对人体产生伤害。实际上，X 射线是电中性的，不会残留在物品上。此外，安检机的两端有帘子，可以有效地阻隔 X 射线，所以安检时，最好不要用手在安检机里拉行李出来。

问 5

为什么微波炉可以给食物加热，却不能给金属加热？

▶ 答 电磁波加热与人晒太阳差不多，都是热辐射的结果。

微波炉内部有一个微波发生器，可以产生频率为 2.45GHz 的电磁波——与 Wi-Fi 频率很接近。该波段的波具有一定的穿透性，能穿透玻璃、陶瓷等绝缘体，到达食物内部，食物中的水分子会随微波一起振动，产生热能，从而使食物温度升高。

金属会反射电磁波，无法起到加热作用。不仅如此，很多金属中的电子会在电磁波的作用下流向某一端，最终形成高电压和强电流，这样就会导致金属表面产生火花，甚至引起爆炸。

那么问题来了，微波炉内壁也是金属制成的，为什么不会产生火花或引起爆炸呢？原因在于它表面非常光滑，不仅不会产生火花，还能让电磁波在腔内不断反射，从而提高加热效率。

问 6

电波能驱蚊吗？超声波驱蚊器是"神器"还是"智商税"？

▶ 答 电波是电磁波的简称，人眼可见的电波就是可见光。电磁波的频率越高，粒子性越强；频率越低，热效应越明显。如果用频率非常高的电磁波（如紫外线、X 射线等）驱蚊，势必对环境造成严重的电磁污染。如果用频率非常低的电磁波（如微波、短波等）驱蚊，功率太小起不到效果，而功率太大也会对环境造成污染。

研究表明，市场上的一些电波驱蚊仪器并不能驱赶蚊虫。蚊子对电磁波敏感性不高，反而对声音和振动比较敏感，因此利用超声波驱赶蚊子是可行的。

人耳能听到的声音频率范围是20Hz至20kHz，超过20kHz的就是超声波。人耳无法听到超声波，但一些动物可以。尽管蚊子也听不到超声波，但科学实验显示，一些蚊子对20kHz到100kHz的超声波振动比较敏感，因此利用超声波驱蚊是可行的。需要说明的是，蚊子分3600多种，并非每一种都对超声波振动敏感，也就是说，超声波并不能驱赶所有种类的蚊子。至于市场上热卖的超声波驱蚊器到底有没有用，只有自己试试才知道了。

问7

仙人掌真的能防电脑辐射吗？

▶ **答** 一般来讲，仙人掌防电脑辐射，指的是它能吸收电脑屏幕所释放的电磁波。

可见光是电磁波，光合作用便是植物吸收电磁波的过程。光合作用的频率段大致与可见光频率段吻合，但也有许多植物（如紫藤、仙人掌等）可以吸收可见光之外的紫外线。

于是人们就在想，在电脑面前摆一盆仙人掌不就可以防辐射了吗？这种说法并不成立，因为光是沿着直线传播的，除非用仙人掌把电脑屏幕挡住，才能完全防辐射，但这样的话，人就看不见屏幕了。

电脑屏幕会辐射一定的紫外线，但强度和太阳光比起来要小很多，也就是说，晒太阳比坐在电脑前更容易受紫外线侵害。尽管电脑屏幕属于安全产品，但长时间接触也会让人产生头晕、眼睛疲劳等症状。这个时候，看一眼绿油油的仙人掌会让人神清气爽。

问8

为什么铁能被磁化，而铜、铝等其他金属则不能？一根磁铁摔成两段后，为什么每段都有南北极？

▶ **答** 磁性问题是物理学中一个古老的话题，但直到量子理论建立后，人们才建立了磁性的正确模型。

1820 年，安培（1775—1836）最早提出磁本质的微观模型——分子电流假说。他认为物质由分子构成，每个分子都有很小的电流单元，每个元电流表现出一定的磁性。原本这些元电流的方向是杂乱无章的，但在外部磁场的干扰下会取向一致，从而具有磁性。

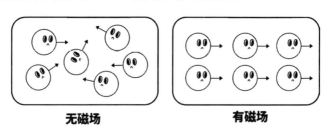

无磁场　　　　　　　　**有磁场**

后来人们发现物质的磁性分为三种：抗磁性、顺磁性和铁磁性。尽管分子电流假说无法从根本上解释这些现象，但是却提供了一个正确的方向。量子理论建立后，科学家们尝试从原子核与电子的角度来解释不同的磁现象。

我们知道，原子由原子核和核外电子组成，原子核带正电，每个电子带一个单位负电荷。根据经验，电子沿着特定的量子轨道绕着核旋转，产生磁矩（磁矩可以简单理解为元电流在磁场中受到的作用）。此外，电子和核会因自旋产生自旋磁矩。值得注意的是，自旋是微观粒子的内在属性，不能把它与地球的自旋看成一样的。尽管电子自旋磁矩非常小，但在磁性材料中起关键作用，因此只讨论电子自旋磁矩即可。

铜原子有 29 个电子，最外层有 1 个电子，其他 28 个电子相互配对（电子自旋磁矩相互抵消），当外部加入磁场后，最外层的 1 个电子会产生与磁场方向相反的微弱磁场，故而具有抗磁性。当外部磁场消失后，最外层的电子又恢复如初，因此不会被磁化。

铁原子有 26 个电子，但分布非常奇怪，其中一层本应该排 10 个电子，但却只排了 6 个，也就是说，原本有 10 个状态，但只用了 6 个状态，从而导致未配对的电子比较多。铁或一些铁的氧化物受此影响，近距离的原子或分子会产生交换相互作用，结成"一块块"的磁畴，因此表现出强大的顺磁性——铁磁性。

铁磁性物质的磁性不会随着外部磁场的消失而消失，这就是磁化。当磁铁摔成两段后，每段磁畴方向都取向一致，因此都有南北极。值得一提的是，猛烈的撞击极有可能会改变磁畴的方向，因此摔断的磁铁可能会在断裂处相互排斥。

问9

地球的磁场是怎么形成的？如果地球的磁场突然消失会怎样？

▶ **答** 中国人很早就发现地球是一个巨大的磁体，但直到 20 世纪，人们才搞清地磁产生的原理。地球分为地核、地幔和地壳，地核分为内核和外核。外核中有大量的液态铁和镍元素，它们在高温高压环境下，不断流动产生电流，形成了一个庞大的电流环。电流环的运动会产生一个巨大的磁场——地球的磁场。

地磁就像一张大过滤网，时刻保护着地球。我们以太阳风为例，太阳时刻向宇宙喷射太阳风，太阳风主要由高速的氢离子和电子组成，它们会对地球上的生物产生极大的破坏。正是由于地磁的存在，才阻隔了太阳风中大部分的高速带电粒子。假设地磁突然消失的话，不是指南针失灵那么简单，而是地球上的生命将遭遇浩劫。

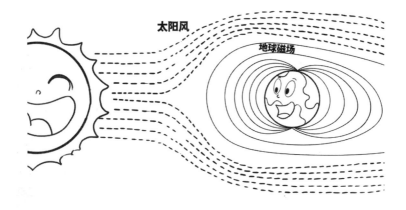

令人迷惑的光

尽管我仰慕牛顿的大名，但我并不因此非得认为他是百无一失的。

——托马斯·杨

About Me

大家好，我是物理哥，从小喜欢问各种奇怪的问题，长大后经常回答各种奇怪的问题。今天，我会坐上时光机回到过去，带领读者领略历史上的大贤们是如何看待这些问题的。

即将登场的大贤们

罗默

布拉德雷

胡克

托马斯·杨

迈克尔孙

08

The eighth station

- 第八站 -

麦克斯韦预言光就是电磁波的最直接的根据是光速,可见当时人们对光速了如指掌,那么人类是怎么认识光速的呢?丹麦和英国的两位天文学家给出了精彩的答案。

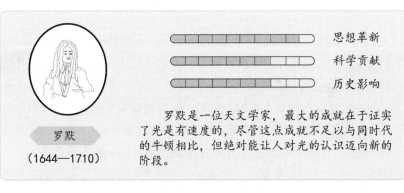

思想革新
科学贡献
历史影响

罗默
(1644—1710)

罗默是一位天文学家,最大的成就在于证实了光是有速度的,尽管这点成就不足以与同时代的牛顿相比,但绝对能让人对光的认识迈向新的阶段。

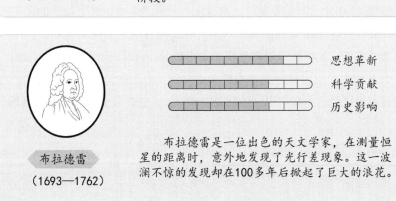

思想革新
科学贡献
历史影响

布拉德雷
(1693—1762)

布拉德雷是一位出色的天文学家,在测量恒星的距离时,意外地发现了光行差现象。这一波澜不惊的发现却在100多年后掀起了巨大的浪花。

罗默　　　　　　　　　　　　　　　　　　　　　　布拉德雷

问1

点燃一盏灯，房屋瞬间就有了光。光的速度如此之快，你是怎么测量光速的呢？

罗默：光有没有速度？科学家们争论已久。开普勒认为光速是无限的，笛卡儿也有类似的观点。而在我看来，无论光是什么，它的速度都不应该是无限的，但空口无凭，还要有证据。

1676 年，我在观察木星的卫星时，发现光确实有速度。伽利略用他的望远镜发现了木星有 4 颗卫星，而根据我对木星的最近一颗卫星（木卫一）的观察，已经了解到它大约 42 小时就绕木星转一圈。也就是说，大概每隔 42 小时，就会发生一次木卫食——木卫一在木星上留下的影子。

我发现在地球上观测到的木卫食时间随着地球的周年运动，会产生短暂的差异。地球和木星都是绕着太阳转的，有时地球会迎着木星运动，有时会背着木星运动。迎着木星运动，两次木卫食的间隔时间就短，而背着木星运动，两次木卫食的间隔时间就长，这足以证明**光是有速度的**。

地球每年绕太阳一圈，而木星则需要 11 年才能绕太阳一圈，由此可以假设木星和太阳都是静止的。设木卫食的间隔时间为 T，当地球由 $B \to A$ 时，地球迎着木星运动，T 不断减小，当地球处于 A 点时，T 值最小；当地球由 $A \to B$ 时，地球背着木星运动，T 不断增大，当地球处于 B 点时，T 值最大，而 A、B 两点的 T 值之差就是光通过 A、B 两点所用的时间。

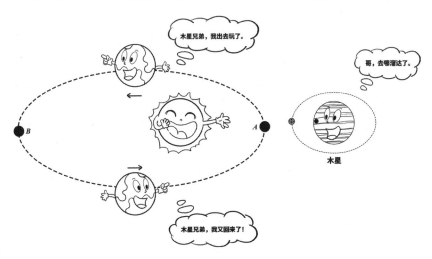

后来惠更斯（1629—1695）根据这个方法，得出光速大约为 2×10^8 m/s。

问2

　　我从未来而来，知道罗默测量的光速值仅有真实值的 2/3，自然界还有哪些现象能告诉人们光速的正确值呢？

布拉德雷： 我在无意间发现了光行差现象，利用它可以正确测量光速值。

当你蹲下去看一只蚂蚁，它大概有半厘米长；当你站起来看一只蚂蚁，它只是一个点。造成这一视觉差异的原因是，蚂蚁的大小与人的身高相比微不足道。

天空中有很多恒星离地球十分遥远，远到地球的公转轨道也微不足道。因此，可将恒星与地球公转轨道看成两个点。两个点之间只有一条直线，在地球上看，遥远恒星发出的光是平行光。

既然是平行光，只要架好望远镜对着某颗恒星，无论地球公转到什么位置，角度都无须再调整。然而事实并非如此，我发现地球远离和靠近星体时，望远镜的角度会有小小的差异，这就是"光行差"。

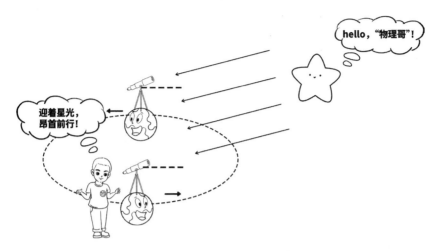

对于这个差异我百思不得其解，有一次我坐在行驶的船上，发现船上的旗子飘扬的方向与风也有角度差异。这一发现让我豁然开朗，原来这是船相对风运动，旗子的方向是风向与船行驶方向的合成。再举个例子，在无风的下雨天，雨滴是垂直落下的，但是行人手中的雨伞要向前方倾斜。

雨似星光伞似镜，我根据地球的周年运动速度和光行差角，测量出光速约为 3.1×10^8 m/s。

光速测量实验

先来看看最早是怎么测量声速的。甲、乙二人在两个山头，分别向对方喊话，记录两个时间，多次测量便能根据山头的距离，计算出声速。

　　第一位打算从实验中测量光速的是伽利略，采用的正是测量声速的方案。伽利略已经估计到测量光速的困难，所以选了两个比较远的山头，让甲、乙二人各执一盏灯，分别记录开灯的时间和看见光的时刻。这种方法无法测量，因为光速太快。

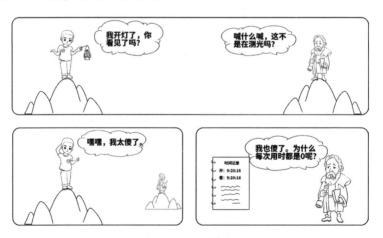

　　第一位从实验中测量光速的是法国科学家菲索（1819—1896）。他选了两座相距 8.67 千米的山峰，一座山峰发出的光会从另外一座山峰返回，所以光程为 17.34 千米。这样还不足以测量光速，它就用一个旋转齿轮来"分割"光束。齿轮有 720 个齿，两个齿之间就像一个小孔。当齿轮以不同的速度转动时，人眼会感觉光线忽明忽暗，有时完全看不到——反射光全被挡住了。当齿轮以每秒25圈的速度转动时，人眼感受的光是最亮的，这说明光跑一个来回花了 1/（720×25）秒。计算出光速为 3.1×10^8 m/s。

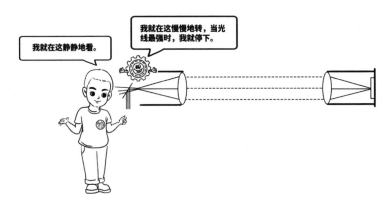

这个实验的关键在于齿轮，所以称它为"齿轮法"。齿轮法固然精妙，但是还存在误差，原因是齿轮之间的间隙不够小，所以后人增加了齿轮的齿数，测量的光速误差也小了很多。

几年后，法国物理学家傅科（1819—1868）用"旋转镜法"测量了光速。后来美国科学家迈克尔孙改进了傅科的"旋转镜法"，用"旋转棱镜法"测量光速值为 2.99796×10^8 m/s。旋转棱镜法的基本原理和旋转齿轮法类似，棱镜旋转后，必然达到某个速度，观察者观测的光强是最大的。

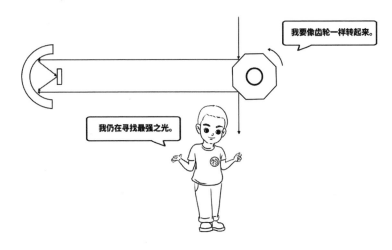

光速是物理学中的基本常数之一。它的测量花费了几代人的心血，方法也不断改进。1960年，由于激光（一种受激发而产生的光束）技术的发明，科学家们利用激光测量光速，最终于1973年将光速的国际标准值定为299792458m/s。1983年，国际计量大会决定将光速的1/299792458定义为1米。

"米"是物理学中的7个基本单位之一。1789年，法国科学院将经过巴黎的从赤道到北极的经线长度的千万分之一定义为1mètre（法语，意为"测量"）。为了方便日常测量，法国还制作了一个米原器，但米原器的精度会受到温度影响（热胀冷缩）。到了1960年，国际计量大会决定用氪86（氪的同位素）原子光谱的波长来计量米，但氪86并不容易获得，于是又用光速来定义米。物理学就是如此有趣，我们根据米测量了光速，又根据光速来定义米，未来科技不断进步，测量的光速有可能更加精确，但改变的却不是光速值，而是"米"的定义。

我们时常用"光速1秒就能绕地球7圈"来形容光速。更简单直观一点，从北京到上海大约1200千米，乘坐高铁大约需要4个半小时，假设能乘坐光速列车的话，大约需要0.04秒——这就是伽利略无法测出光速的主要原因。

光到底是什么呢？

The ninth station

- 第九站 -

带着问题，我又回到牛顿时代，拜访牛顿和胡克，他们对光有着不同的见解。

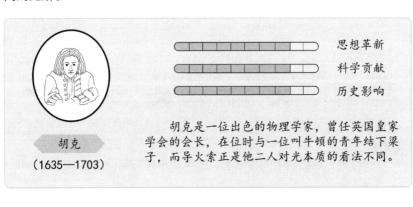

思想革新
科学贡献
历史影响

胡克
（1635—1703）

胡克是一位出色的物理学家，曾任英国皇家学会的会长，在位时与一位叫牛顿的青年结下梁子，而导火索正是他二人对光本质的看法不同。

光肯定是波！

不对，它是粒子，吃我一拳！

胡克　　　　　　　　牛顿

问3

漆黑一片，眼睛什么都看不见，只有有了光才能看见物体，这是为什么？

牛顿：人类在认识光的道理上走了不少弯路。

很久以前，人们认为眼睛能看见东西，是因为眼睛能发出某种物质，照射到了物体上。但这样一来，光源就不是必需的。于是古罗马时代的卢克莱修（约前99—前55）认为光线从光源出发到达眼睛，又从眼睛到达物体，这样光源和眼睛都是必需的了。但他这一说法还是有问题。假设把光源放在脑袋后面，光线就进入不了眼睛，但还是可以看见物体。

将这一问题解释清楚的是阿拉伯科学家海什木（965—1040），他认为**光线从光源出发，经过物体反射后到达眼睛，眼睛才能看见物体。**

问4

同样的光源照到不同物体上，颜色却千差万别，这是为什么？

牛顿：我用一个实验解释了颜色的千古之谜。

在我之前，一些传教士为了解释彩虹的颜色，提出阳光在水珠中折射的观点，但受限于亚里士多德的思想，他们都没有成功。笛卡儿曾用三棱镜将光分解，但由于屏幕与棱镜距离太近，只呈现了蓝色和红色。此后很多学者都研究过光，包括我的老师巴罗（1630—1677）。受老师的影响，我曾制作过精细的棱镜，并把它们带到乡下。我在一间屋子里的屋顶上开了一个小孔，整个夏天都在研究光谱现象。

一束阳光从屋顶的小孔直射下来，透过三棱镜后呈现出彩虹般的颜色，即人们常说的红、橙、黄、绿、青、蓝、紫。这是什么原因呢？原来不同的光有不同的折射率，红色光最差，紫色光最强，不同折射率让不同颜色的光相互分离——白色光就这样被分解了。

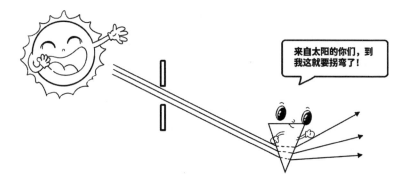

我将分解后的彩色光通过另外一个大三棱镜时，选择正确的角度，彩色光又重新组合成了白色光。此外，我让分离后的每个彩色光透过一个更小的三棱镜，却没有看到明显的继续分离现象。终于，我明白了光的真相：原来**白色光由彩色光组成**，当白色光照到物体上时，由于物体固有的特性，它会反射部分颜色的光，所以世界是五彩缤纷的。

问 5

光又能折射又能反射，它到底是什么呢？

牛顿： 古希腊时代的德谟克利特（约前 460—前 370）认为光是由一颗颗小微粒组成的，这就是最早的光微粒说。我对光微粒说是深信不疑的，具体可以体现在光的三种传播方式上——直射、反射和折射。

光微粒在真空或均匀介质（如空气、水）中是沿直线传播的，这与伽利略的惯性思想是一致的。光直线传播最有名的实验是小孔成像。

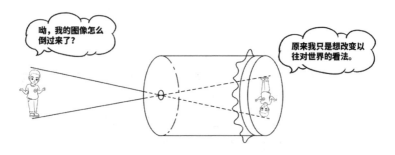

当光遇到物体时，会发生反射。反射又分为镜面反射和漫反射，无论哪种反射，反射角都等于入射角。就像一个皮球，垂直落到地面上，会垂直弹起；斜着落到地面上，会向另一个方向弹起。

当光从空气入射到水中或玻璃上时，会发生折射，这是由两种介质的某种性质导致的，但折射后，光依然会按照惯性直线传播。最常见的折射现象是斜着看水中的鱼，当光线从水中进入空气中后，会发生折射，但人眼以为光线是直射过来的，所以看到的鱼比它的真实位置要高。

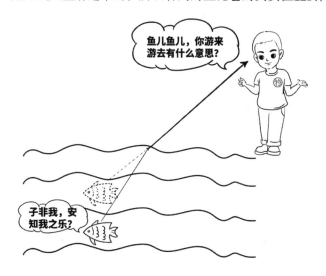

问 6

光还有没有其他的传播方式呢？如果有的话，意味着什么呢？

胡克： 1665 年，意大利科学家格里马第（1618—1663）在生活中发现了一个很诡异的现象。

他家的房顶上有一扇百叶窗，当太阳光透过百叶窗的隙缝照到柱子上时，柱子的影子比预期的要宽，而且宽出的部分中有明暗条纹。

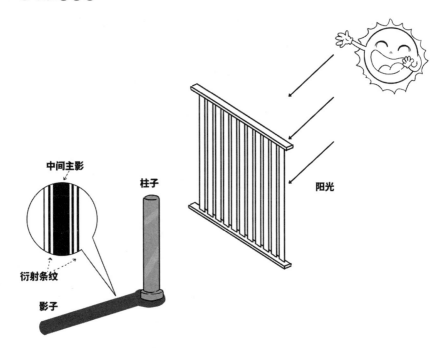

中间主影

柱子

衍射条纹

影子

阳光

光的三种传播方式不足以解释明暗条纹的产生，于是格里马第认为光还会以第四种方式传播，并将其命名为"衍射"。衍射一词来源于拉丁语，意思为"将什么打碎"，所以**衍射可以理解为光的传播方向被"打碎"成多个方向**。为什么柱子的影子会发生衍射呢？主要原因在于阳光透过百叶窗后成了线光源。我们可以做个实验，将两支铅笔组成一条隙缝，平行对着线光源，眼睛靠近后，会看到明暗条纹，这也是光发生衍射的缘故。

光为什么会发生衍射？如果把光看成一种波就好解释多了。实际上，在格里马第之前，我就意识到光可能是一种波。比如，当光线照在肥皂泡泡上时，会呈现彩色图像，这就是光发生干涉导致的。因此，我认为光是由光源的某种振动引起的，光源的振动带动周围介质振动，然后向外一层层地传播，就像往池塘里扔一块小石头，水面的波纹向外扩散一样。

微粒还是波动?

1664 年,欧洲爆发黑死病,牛顿回乡下躲避瘟疫。在此期间,他研究了光的色散现象,还发明了反射式望远镜。在牛顿时代,望远镜不是什么新鲜的东西。伽利略和开普勒都曾独立发明望远镜,但是这些望远镜都是折射式的,镜身非常长。牛顿采用光的反射原理,大大缩小了望远镜的体积。

疫情结束后,牛顿回到剑桥大学,他所发明的望远镜受到皇家学会的注意。牛顿此时也趁热打铁,向皇家科学院递交了第一篇论文——《关于光和颜色的理论》,其内容正是上文所说的光色散现象。

欧洲人向来认为白色是最纯洁的,不能由其他光组成。如果白色光只是其他光的混合,那岂不是说白色是不存在的?牛顿早就意识到这点,还做过"判决性实验",证明白色光确实不存在,而是由其他颜色光组成的。

当时皇家学会的会长正是大名鼎鼎的胡克。自 1655 年起,胡克就奠定了光的波动说,所以于情于理,他都不支持牛顿的观点。此时的牛顿脾气比名气大,狠狠地回击了胡克,二人就此结怨。1703 年,胡克去世,牛顿顶替胡克的位置,成了皇家学会的会长。此时的牛顿名气大,脾气也不小,一上台就摧毁了胡克生前所有的画像,据说还要删掉胡克生前所有的论文,幸好被他人拦住了。

牛顿一生有两部著作,一部是伟大的《自然哲学之数学原理》,另一部是《光学》。在《光学》的开头,他写道:"我的计划不是用假设来解释光的性质,而是用推理和实验来提出并证明这些性质。"

"不做虚假的假设"是牛顿的一句名言,但在他对光本质的判断中,光却必须先被假设成一种微粒,以至于牛顿对自己所发现的"牛顿环"的解释牵强附会。牛顿环现象指的是光源经过平凹透镜和平面镜的折射、反射之后,会看到一个环状的光谱图,由于是牛顿发现的,所以叫牛顿环。

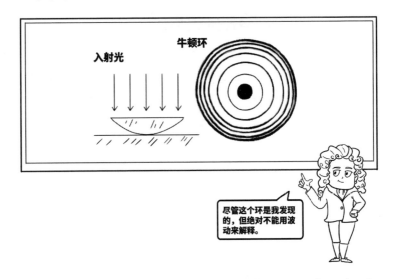

入射光

牛顿环

尽管这个环是我发现的，但绝对不能用波动来解释。

　　站在光波动的角度，牛顿环是由光干涉引起的，但牛顿并不相信光具有波动性。他认为光微粒进入不同介质的时候，会有些"迟疑"（某种短暂状态），迟疑之后又"回过神"来，在"回神"的刹那之前，光微粒更容易被下一个介质反射或折射。由于光微粒花的时间不一样，会导致"阵发性的间隔"。这中间还牵涉以太，实在难以说清牛顿是怎么想的。

　　在胡克生前，光的波动说有一定的发展。荷兰科学家惠更斯在胡克的理论基础之上引入了以太，成功地解释了很多现象。但是，当时物理学没有引入周期和波动的概念，早期的波动说缺乏数学基础，难以形成理论，外加牛顿在科学界和社会上的地位如日中天，微粒说成功地将波动说打败，这就是人们常说的"第一次波粒战争"。

　　然而世事难料，1801年，一位来自英国的天才托马斯·杨用实验证明光的本质是波。一石激起千层浪，杨的压力不仅来自人们的情感上，还在科学上很难解释一些奇怪的现象，如光行差，主要原因在于当时人们认为光传播必须有介质，于是又搬出了以太。但以太又是什么样的呢？它和地球的关系是怎样的？19世纪后期，美国科学家迈克尔孙打算用实验验证以太的存在。

第十站

The tenth station

正当牛顿与胡克争论不休时，我抽身跑了出来，去拜访英国科学家托马斯·杨和美国科学家迈克尔孙。

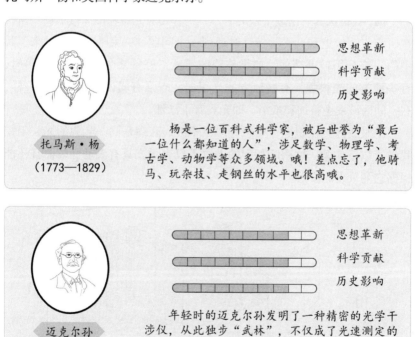

思想革新
科学贡献
历史影响

托马斯·杨
（1773—1829）

杨是一位百科式科学家，被后世誉为"最后一位什么都知道的人"，涉足数学、物理学、考古学、动物学等众多领域。哦！差点忘了，他骑马、玩杂技、走钢丝的水平也很高哦。

思想革新
科学贡献
历史影响

迈克尔孙
（1852—1931）

年轻时的迈克尔孙发明了一种精密的光学干涉仪，从此独步"武林"，不仅成了光速测定的领军人物，还成为美国历史上第一个诺贝尔奖获得者。

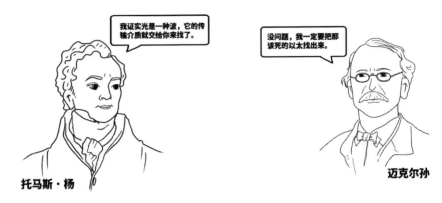

托马斯·杨

迈克尔孙

问 7

你是怎么证明光是波的？与牛顿对着干，会不会遇到阻力？

杨：我曾认真研读过牛顿的著作，一开始对光微粒说深信不疑。但我在研究眼睛构造和其光学特性时遇到一个问题，一束平行光照过来，其中的一部分用玻璃挡住，如果玻璃的厚度正好是某个长度的整数倍时，有些地方的光很强，有些地方的光很弱。有强有弱说明光和声音一样，在空间区域发生叠加和抵消，即光具有干涉性。

此时我深刻认识到，要想光产生干涉，必须是同一光源的光，于是我做了以下实验。这明暗相间的条纹不仅表示光具有波动性，而且还能根据它测量光的波长。

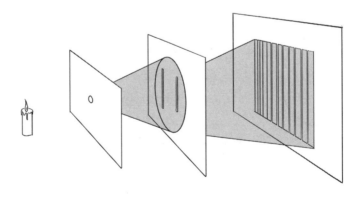

作为一名英国人，我很遗憾地看到牛顿也会出错，人们所信奉的权威有时会极大地阻碍科学的发展。当时很多人对我口诛笔伐，在其后的十几年内，竟然无人能理解我的工作。1818年，我再次写信给法国科学家阿拉果（1786—1853），阐述我的思想。阿拉果将我的信拿给法国青年菲涅尔（1788—1827）看，他二人对光的波动说产生好奇，提出了一些光波动说的理论。

法国科学院经常举办征文比赛，这次的题目与光有关，一是从实验中确定光线的衍射效应，二是从数学上得出光线在物体附近的运动情况。法国大数学家泊松（1781—1840）利用菲涅尔的理论从数学上得出，当光通过一个小圆盘时，在后面的屏幕上会形成亮斑。

泊松是坚信微粒说的，他所做的工作是为了证明菲涅尔是错误的，然而菲涅尔在阿拉果的帮助下，成功地得到了亮斑，他们称之为"泊松亮斑"。

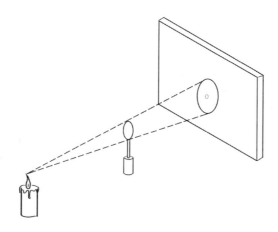

至此，光的波动说成功地打败了微粒说。

问8

如果光是"一粒一粒"的，每粒相对自由，很容易解释光行差现象；如果光是波，它的传播介质必定是以太，以太是什么样的呢？如果它和地球一起运动，则不会产生光行差。如果它和恒星保持静止，地球在宇宙中穿梭，必然会产生"以太风"，以太风存在吗？如果存在，该如何找出来呢？

迈克尔孙：光可以在真空中传播，说明整个宇宙都弥漫着以太。以太不可能跟着地球一起运动，否则我们就必须承认古希腊"地心说"是正确的，也无法解释光行差现象。

实际上，自从光波动说打败光微粒说后，前人就已经想到了以太是绝对静止的，所以地球在以太中穿梭，必然会产生"以太风"，也叫"以太漂移"。然而科学家们花费了将近 30 年的时间却一无所获。麦克斯韦看出了其中的问题，他认为以太漂移的速度是光速的亿分之一，要在地球上测量这样小的速度几乎是不可能的，应当从宇宙中寻找证据。1879年，他写信给美国航海年历局，询问能否从木卫食上寻找地球的绝对运动。后来我读到这封信，于是我决定从实验中寻找以太风。

一开始，我做了精细的干涉实验。它的原理是这样的，光从光源出发，经过半透镜 1 分成两路，一路被镀银面反射进入反光镜 1，再被反射后又进入半透镜 1，最后进入用于观测的望远镜；另一路透过镀银面进入反光镜 2，再被两次反射后进入望远镜。两路光的路径有一点点差异，所以用半透镜 2 把它补回来。

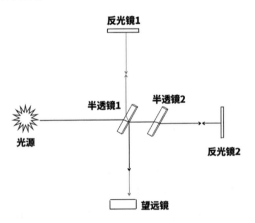

补回来后，难道光程就一样了吗？肯定不是的，因为这两路光一路与地球转动平行，一路与地球转动垂直，也就是说，以太漂移会导致光程不一样。既然光程不一样，两路光就会因干涉而出现明暗条纹。然而事与愿违，望远镜并没有观察到干涉条纹。

哪出现问题了呢？我想可能是精密度不够，于是我和科学家莫雷（1838—1923）合作，设计了一个精度更高的实验：一个非常重的石盘浮在水银槽上，可以自由旋转，石盘上安装着一组精密的光学系统。

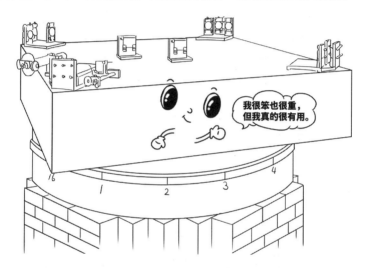

我很笨也很重，但我真的很有用。

相比之前的干涉实验，此次实验有两点改变，一是增加了反光镜的个数，让光行径的长度更长，几乎是之前的 5 倍；二是由于任何振动都会影响实验，所以将仪器放在石盘上，转动石盘还可以全方位观察以太带来的光程差异。

当一切准备就绪时，我们仿佛感觉到以太风带来的丝丝凉意，但无论怎么转动石盘，所观察到的干涉条纹与理论计算都相差甚远，换句话说，这个实验根本没有找到以太风，因此这个实验被后人称为**零结果实验**。

两朵乌云

1900 年 4 月 27 日，英国著名物理学家开尔文（1824—1907，本名威廉·汤姆孙）在英国皇家学会上发表题为《在热和光动力理论上空的 19 世纪乌云》的演讲。在演讲的开头，他说："动力学理论认为热和光都是运动的形式，现在这一理论非常优美和明晰了，但它仍然被两朵乌云所笼罩……"

第一朵乌云指的正是迈克尔孙的零结果实验，第二朵乌云与研究黑体辐射的能量均分理论有关。在开尔文看来，第一朵乌云似乎更加稠密，而第二朵乌云应该在否定能量均分的基础上使之消散。

当时很多物理学家对物理学理论感到十分骄傲和满意。迈克尔孙就曾将物理学比作即将竣工的大厦，人们所能做的仅仅是修修补补罢了。还有学者认为，未来物理学只能在小数点后六位上做研究。他们这样认为是完全有理由的，因为物理学的主要分支都有了很好的理论支撑。

力学自伽利略起，经过几代人的努力，终于在牛顿时代建立了完备的理论体系。尽管力学分支非常多、情况非常复杂，但基本上都可以用力学三大定律和万有引力定律来解决。

热学发展一直比较缓慢，在第一次工业革命后才正式开始。1840 年以前，人们一直认为热是一种元素或一种物质，所以称热为"热素"或"热质"。随着科学家们对卡诺热机（一种理想化的蒸汽机）研究的深入，热质被赶出了物理学。人们认识到热是一种能量，来自分子运动，并由此诞生了统计力学。

18世纪电磁学开始兴起，到了19世纪中叶，电动力学和电磁场理论都已经建立，麦克斯韦更是像牛顿一样用几个方程组将电磁学统一起来。随着赫兹在实验室的贡献，第二次工业革命也如火如荼地进行着。

光学研究是从其几何性质开始的，17世纪才对光本质产生激烈的争论，随着麦克斯韦的预言被证实，光作为一种电磁波，也被解释为运动的形式。自牛顿后，光谱的研究也随之深入，人们从光谱中发现了不少来自宇宙的新元素。

在微观领域中，原子已经被成功地"切开"，物质由分子、原子组成已经成了人们的共识。

但也有不少物理学家对开尔文所说的两朵乌云感到担忧，因为它们与现有物理体系完全不兼容，或许只有一场伟大的革命才能彻底让它们烟消云散。果不其然，第一朵乌云下起了相对论的雨，第二朵乌云下起了量子力学的雨。然而令人始料不及的是，雨一直下，云却越来越多，像暗能量、引力子、平行宇宙、弦理论之类的假设数不胜数。也许物理学大厦的上空乌云密布才是常态。

本章附录

那些脑洞大开的怪问题

问1

火焰是怎么来的?

▶ **答** **任何物质只要温度高于绝对零度（约为-273℃）就会向外辐射电磁波**，但是温度低于700K（463℃）时，它所辐射的电磁波的频率段比较低，还没有到达可见光区域，所以在没有光源的情况下这个物体是不可见的。举个例子，伸手不见五指的森林里，人看不见什么地方有动物，只有戴上红外探测眼镜才可以看见。这是因为动物的体温大约在36℃，向外辐射的电磁波的频率段仅仅到达了红外波段。

温度高于700K的物体向外辐射可见光，也就成了一个光源。光源的颜色与物体的温度有关，比如，火柴火焰的温度在1000℃至2000℃，颜色大致呈红橘色；太阳表面温度大约为5800℃，颜色以白色为主，略微带点黄色。

火焰也是由物体温度导致的。我们以蜡烛为例，蜡的沸点比较低，在吸热后先液化再气化，挥发到空气中与氧气结合，燃烧起来。分子温度继续升高，微粒的颜色发生变化，也就形成了火焰。但并不是所有的物质燃烧都有火焰，比如炭，炭的燃点比沸点低，所以燃烧时炭没有熔化，也就没有火焰。木头燃烧为什么又有火焰呢？因为木头的成分比较复杂，燃烧时产生的水蒸气和其他微粒挥发到空气中,我们看到的火焰就是由这些微粒产生的。

火为什么能发光?

▶ **答** 这是一个古老的问题,但直到 20 世纪初期才得到进一步的解释。

我们知道,原子由原子核和核外电子组成。一开始,物理学家们认为电子就像地球绕着太阳转一样绕着原子核运动,所以称为"原子行星模型"。但这个模型与经典电磁理论是矛盾的。经典电磁理论认为带电的粒子运动会向外辐射电磁波(能量),电子很快就因能量消耗而坍缩到原子核上。

后来量子理论被引入原子模型中,建立了量子化轨道模型,即电子绕着核旋转的轨道并不是随意的,而是有特定的轨道,因此称为"量子轨道模型"。

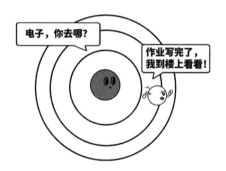

电子在不同的轨道上绕核旋转,也可以在轨道之间相互跃迁。当一次吸收的能量达到某个值时,就会从内部低层级轨道跃迁到外部高层级轨道;同样地,电子从外部高层级轨道跃迁到内部低层级轨道时,会向外释放电磁波,也就是光子。

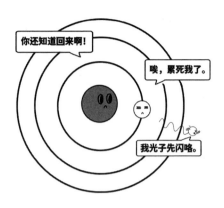

利用这个模型，就很容易解释燃烧发光现象了。当物质达到燃点后，物质温度升高，电子吸收能量，向激发态跃迁。但处在激发态的电子并不稳定，会向低能态或基态跃迁。跃迁过程中会释放出光子，也就有了光。

需要说明的是，量子轨道模型只是一个假想的模型，后来被量子力学取代。电子并非一个实物粒子，它和光子一样具有波粒二象性。既然量子轨道模型存在如此多的问题，那么为什么还用它来解释燃烧发光呢？其实这个问题在本书的第一部分就做了解答。由唯象论建立的模型只要符合实验测量，就不能说它是错误的。

问3

为什么天空和海都是蓝色的？

▶ **答**　大气由氮气、氧气等气体分子组成，这些气体分子的大小远小于可见光的波长，能散射宇宙射来的光。光的波长越短，就越容易被散射。

太阳的光谱包含红、橙、黄、绿、青、蓝、紫，其中紫色的波长最短，为什么天空不是紫色的呢？主要有以下两个原因，一是紫色光在太阳中的含量相对较少，而且刚进入大气层又被臭氧层吸走了一部分（紫外线和紫色光）；二是人眼中有蓝、红、绿三种颜色的视锥细胞，对蓝、红、绿三色非常敏感，从而让人感觉天空是蓝色的。实际上，大气层也散射紫色光，正因如此，天空并非纯蓝色，而是淡蓝色的。假设太阳光谱中不含紫色光，那么天空的颜色就会变成蓝绿色——有点像碧波。

大海的颜色与天空类似。海水是无色透明的，当阳光照射到海面时，水分子吸收了波长较长的光，而将波长较短的蓝色光反射出去，从而呈现出蔚蓝的景象。

问 4

为什么吹出来的肥皂泡五颜六色，如果我去外太空吹肥皂泡，它还是五彩斑斓的吗？

....

▶ **答** 肥皂泡是由"薄膜干涉"引起的。光线照在薄膜上时，会再发生多次的反射与折射，一部分光直接反射，另一部分光折射后进入薄膜，从底部反射，再折射后又进入空气，这两部分光因叠加而出现相长或相消的情况，相长与相消取决于薄膜的厚度及光的波长。如果一束光的峰值和另一束光的峰值叠加在一起，结果就会变得更强（相长）；如果一束光的峰值和另一束光的谷值叠加在一起，结果就会相互抵消（相消）。

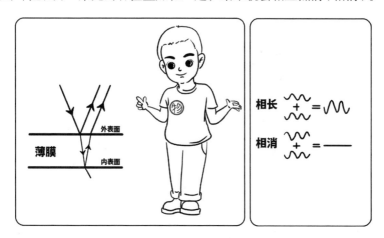

肥皂泡厚度受重力和水分挥发等因素影响，变得起起伏伏，多种颜色的光在干涉后，就出现了五彩斑斓的颜色。

外太空没有重力也没有外部大气，因此无法吹起泡泡。不如将实验环境放置在有大气的地球空间站中，看看吹起的泡泡是什么颜色。毫无疑问，光在肥皂泡上依然发生了薄膜干涉，但由于地球空间站重力非常微弱，导致肥皂泡的厚度保持均匀。每种颜色的光干涉后保持不变，再加到一起就会呈现一种颜色，而不会是五彩斑斓的。

> **问5**
>
> 为什么早晨的太阳大，气温很低，而中午的太阳小，气温却很高？

▶ **答** 有一个非常有名的小故事。据《列子》记载，孔子东游时看到两个小孩在争辩，忙问他们争辩什么。其中一个小孩说："早晨太阳跟车盖一样，所以离我们近；中午太阳跟盘盂一样，所以离我们远。"另一个小孩说："早晨凉快，所以太阳离我们远；中午炎热，所以太阳离我们近。"孰近孰远呢？孔子也不知道，两个小孩笑着说："是谁说你知识渊博呢？"

实际上，两个小孩都犯了经验上的错误。第一个小孩是根据远小近大得出的结论，但眼见未必为实。第二个小孩把太阳当成了一个火炉，但没有考虑与"火炉"的位置关系。

早晨太阳是斜着照射的，阳光进入大气后会发生折射，所以太阳看上去很大。由于光线斜射，辐射量小，所以早晨冷；中午太阳是直接照射的，阳光几乎没有发生折射，所以太阳看上去比较小。由于光线直射，辐射量大，所以中午热。此外，早晨冷、中午热与大气温度也有关系，大气经过一上午的照射，气温会升高不少。

> **问6**
> 为什么一些动植物会发光？

▶ **答** 前面说过，温度到了700K的物体就成了一个光源，但自然界中一些"冷冷的"动植物也能发光。这是怎么回事呢？我们以萤火虫为例，萤火虫的腹部含有荧光素和荧光霉素，荧光素在荧光霉素的催化下与氧气发生化学反应，产生化学能。化学能改变荧光素原子中电子的能级，当电子返回基态时，会以光子的形式向外释放能量。

植物发光与萤火虫发光类似，都是将某种能量转化成光能，但获取能量的途径有很大差别。比如亚洲的紫花草，它能自行合成荧光素。荧光素能吸收阳光中的紫外线，从而让内部电子产生跃迁。

冷光源发光给人类很多启发，人们根据萤火虫发光现象，化学合成了类似的荧光素，发明了日光灯、霓虹灯等发光体。

> **问7**
> 光是沿着直线传播的，被反射和折射后，它怎么知道将要往哪个方向前进呢？

▶ **答** 光传播遵循**费马最小时间原理**，即光由 A 点到 B 点，走的路线永远是时间最短的。我们以均匀介质来阐述一下什么是费马最小时间原理。

几何学告诉我们，两点之间线段最短，所以光是沿直线传播的。反射时，关键在于入射角等于反射角，如果大于或小于入射角，那么光的路径都会更长。

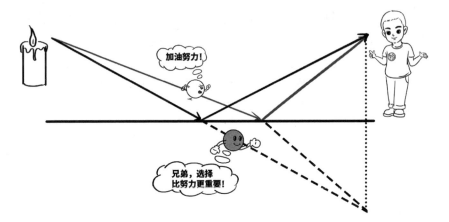

　　光的折射发生在两个介质的接触面。以空气与水为例，当光线从空气到达水后，会发生偏折，表面上看，光线好像比直射要长，但光在水中的速度慢，且与折射率成反比，可以通过角度计算得出折射光依然遵守费马最小时间原理。

04 Part

爱因斯坦的世界

宇宙中唯有两件事物是无限的：宇宙的大小与人的愚蠢。我不能确定的是宇宙的大小。——爱因斯坦

爱因斯坦

About Me

大家好，我是物理哥，从小喜欢问各种奇怪的问题，长大后经常回答各种奇怪的问题。今天，我会坐上时光机回到过去，带领读者领略历史上的大贤们是如何看待这些问题的。

即将登场的大贤们

洛伦兹

爱因斯坦

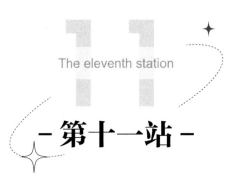

- 第十一站 -

作为本次旅程的最后一站，我将拜访相对论的两位重量级人物——洛伦兹和爱因斯坦。

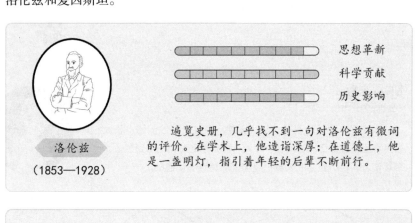

思想革新

科学贡献

历史影响

洛伦兹

（1853—1928）

遍览史册，几乎找不到一句对洛伦兹有微词的评价。在学术上，他造诣深厚；在道德上，他是一盏明灯，指引着年轻的后辈不断前行。

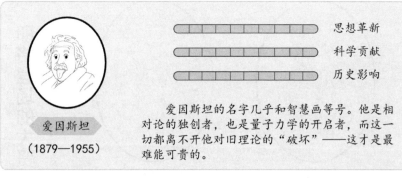

思想革新

科学贡献

历史影响

爱因斯坦

（1879—1955）

爱因斯坦的名字几乎和智慧画等号。他是相对论的独创者，也是量子力学的开启者，而这一切都离不开他对旧理论的"破坏"——这才是最难能可贵的。

洛伦兹

爱因斯坦

问 1

    迈克尔孙的实验没找到以太，是实验不够精密吗？还是以太根本就不存在？

洛伦兹： 可以肯定迈克尔孙和莫雷的实验是非常精密的，我们不应该对此产生怀疑，但同时也不要否认以太风，因为波传输需要介质，而以太就是传播光明的"天使"。

    在经过长期思考之后，我提出了一个假说：一段固定的长度，它平行于地球运动方向和垂直于地球运动方向的长度是不一样的。换句话说，当迈克尔孙的转盘从平行于地球运动方向转动 90°（垂直于地球运动方向）后，没有产生光程差异是因为这段距离在缩短，而**缩短的部分正好与地球相对以太运动的效果相互抵消**。

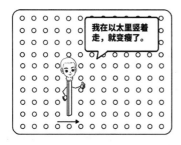

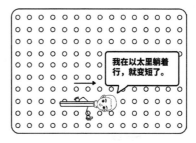

又过了几年，我将这一假说推广到电磁波与光上。假设一个物体在绝对静止时的长度是 L，当它以速度 v 运动时，分子间的作用力在以太中穿梭会增加，从而导致**长度缩短**。

$$l = L\sqrt{1 - \frac{v^2}{c^2}}$$

这是通过数学推导得到的，我还推导出运动给时间带来的变化。假设一个时钟处在绝对静止状态，它测量的时间为 T，当它以速度 v 运动时，**时钟就会变慢**。

$$t = T / \sqrt{1 - \frac{v^2}{c^2}}$$

这就是后来人们所说的"尺缩效应"和"钟慢效应"。

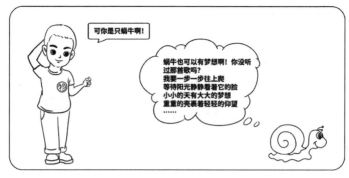

> **问 2**
>
> 尺缩效应是因为尺子由分子构成，但时间并不是以分子形式存在的，也就不存在所谓的分子力，它怎么会变慢呢？

爱因斯坦： 让我们来做个实验。我坐在车里，你站在车外面，一束光从顶端到底端来回运动——周期信号，可作为时钟。一开始，车子静止，我们的**时间是相同的**。

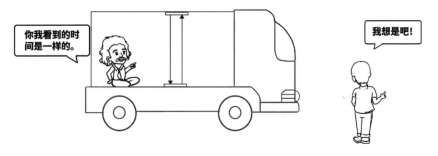

假设车子以半光速匀速行驶，由于我坐在车里，所以测量的时间没有变化，但你就不同了，你看到的光是一条斜线，走的距离比刚才看到的要长，所以测量的**时间变慢**了。

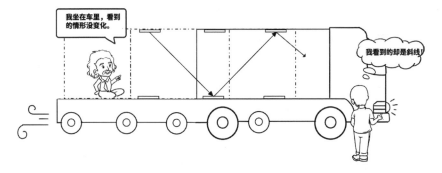

现在利用光信号测量车子的长度。一束光信号在前后两个镜子之间跑一个来回，车厢的长度就测出来了。假设你我都相对车子静止，则你我测量的**长度是一样的**——因为光程是一样的。

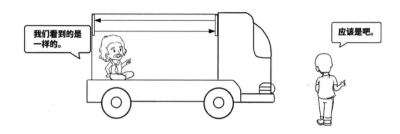

假设车子以接近光速匀速行驶，无论向哪个方向行驶，由于我坐在车里，在我看来，光程没有改变，所以车厢长度没变。但在你看来，光程却小于两个车厢的长度，所以你测量的**长度变短**了。

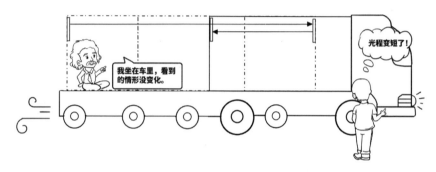

请注意，上面的两个实验仅仅用到了光信号，没有任何分子力，只有坐标变化，却得到了不一样的结果。所以，有理由相信所谓的**尺缩效应和钟慢效应都是由相对运动产生的**。

问3

这个实验是不对的，因为根本没有考虑光相对我运动，如果考虑光相对我运动，是不是就不存在尺缩效应和钟慢效应了？

爱因斯坦：为什么洛伦兹会提出尺缩效应和钟慢效应？不正是为了解释零结果实验吗？根据位移速度公式 $S = vt$，正是因为光速 v 不变，所以才导致 S 和 t 都在变化。换句话说，如果不承认光速不变，我们就必须回到分子力上或绝对时间上，然后无休止地绕下去……

让我们仔细分析一下洛伦兹遇到的阻力。他始终默认绝对静止是存在的，且存在绝对时间和绝对空间，一切运动都可以折算成相对于"绝对静止"的运动。也就是说，存在一种绝对静止的参照物，一切运动都可以拿它当作参考。诡异的是，这种绝对静止的参照物却无法测量出来。

伽利略告诉我们运动是相对的，当你相对"绝对静止的参照物"运动时，以你为参考，"绝对静止的参照物"也是运动的。既然"绝对静止的参照物"可以运动，也就不存在所谓的"绝对静止的参照物"了，一切参照物都是平等的。这就好比你是我的朋友，我也是你的朋友，大家彼此都是朋友，是相对的。突然多了一个"绝对朋友"，每个人都必须跟他交朋友，才能衡量大家是不是朋友。生活中没有"绝对朋友"，而物理学也不应该有"绝对静止"存在。

没有绝对静止，就没有绝对运动；没有绝对运动，就不存在绝对时空。所以，牛顿当年根据水桶实验得出的结论完全是错误的。我们应该建立新的动力学，而这个动力学必须有一个基础：**一切惯性参考系都是平等的，不存在绝对参考系。这就是"相对性原理"**。

然而，既然一切都是相对的，那么麦克斯韦推导的光速恒定又该如何解释呢？零结果实验又该如何解释呢？所以，**只能假定光速不变——新动力学的第二个基础，即光速不变原理**。

问4

那光速可以超越吗？

爱因斯坦： 我在年少的时候就有个想法，假设我拿一个镜子跑得和光一样快，我还能从镜子里看到我自己吗？

建立相对论后，我发现这个问题是不成立的。依然以刚才的实验为例。假设车速能超越光速，我坐

在车里，感觉不到什么。但你站在车外面，就会发现**光线永远到达不了底端的反光镜**，也就是说，在你看来，永远看不到一个时间脉冲——时间停止了。如果时间都没了，物理学恐怕只是一座空中楼阁。

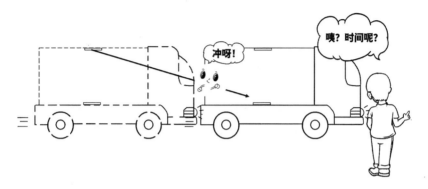

同样的道理，如果你用光脉冲测量车厢长度，当车速超过光速时，**光也永远到达不了车的另一端**，这就意味着你连长度也没了。

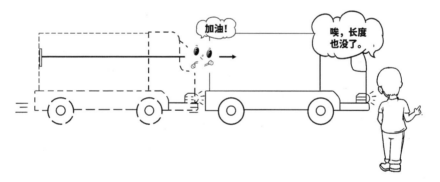

其实超越光速在数学上也是不被允许的。试看洛伦兹的两个变换公式，里面都有一个引子：

$$\gamma = \sqrt{1 - \frac{v^2}{c^2}}$$

当物体运动速度 v 大于光速 c 时，根号下将是负数，而负数没有实数域的平方根。

问5

　　我找出一个悖论。根据牛顿第二定律，假设有个宇宙飞船在太空中行驶，且有足够的燃料支持它不断加速，飞船总有一天超越光速，不是吗？

　　爱因斯坦：电磁学理论建立后，科学家们经常研究运动电荷在磁场中的受力情况，他们意外发现运动电荷的荷质比（电荷与质量的比值）发生了变化。1881 年，汤姆孙（1856—1940）首先提出带电体比不带电时具有更大的质量，多出的部分叫"电磁质量"。1897 年，汤姆孙发现了电子，其他科学家在测量电子在磁场中的运动情况时，发现电子的质量会随着速度的增加而增加，也就是说，运动电荷的荷质比变化并不来自电荷，而是来自运动。

　　经过科学家们多年的努力，洛伦兹于 1904 年将收缩假设推广到电子上，得出：

$$m = m_0 \Big/ \sqrt{1 - \frac{v^2}{c^2}}$$

其中，m 为运动后的电子质量，m_0 为静止时的质量。

从上式中可以看出，一个运动的物体，它的质量会增加。当飞船不断加速到接近光速时，它的质量趋向于无穷大，如果要维持它加速运动，势必也要有无穷大的能量来支撑，显然这是不可能的。

在经典力学中，有能量守恒和质量守恒，二者就像人的身高和体重，是两个方向上的属性。但在新动力学中，时间与空间是相对的，质量与能量也是相对的。**质量与能量之间可以相互转换**，其关系式为：

$$E = mc^2$$

这就是质能方程。不过，验证这个公式的实验太残酷——原子弹爆炸。

问 6

　　问了这么多问题，以太呢？要知道光作为波，是不能没有传递介质的。

爱因斯坦： 你知道以太最早是谁提出来的吗？以太最早起源于亚里士多德的猜想，但是没有办法测量到；以太第二次进入物理学，是笛卡儿认为引力作用需要传递介质，但仍然没有办法测量到；后来以太作为光的"坐骑"，让很多科学家陷入寻找以太漂移的实验中，但结果还是没测量到。一个永远测量不到的东西，凭什么就认为它存在呢？它和牛顿的绝对运动、绝对时空是一个道理。这就好比我说你脑袋后面有个大怪兽，但是当你回头或照镜子去寻找时，它就会隐身，你能承认它存在吗？

在哲学上有一个叫"奥卡姆剃刀"的理论，其主旨是"如无必要，勿增实体"。换句话说，**有没有以太并不重要，重要的是需不需要它**。亚里士多德的体系需要以太，所以有以太；光作为波时，人们将其与机械波类比，所以有以太。但光也具有粒子性质，它的传输不需要介质，以太还有存在的必要吗？它应该被奥卡姆剃刀完全剃掉。

光子的故事

经过托马斯·杨、麦克斯韦、赫兹等人的努力，光被证明是电磁波，同时也宣判了光微粒说的"死刑"。但1887年，赫兹在做谐振锌球产生电火花的实验时发现，用紫外线照射锌球，产生的电火花要强烈很多，但用红外线和可见光都没有这样的效果。这就是"光电效应"。两年后，电子发现者汤姆孙证实了光电效应所产生的粒子正是电子。

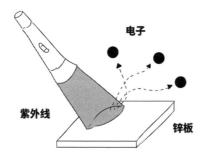

其他科学家纷纷研究光电效应，最后总结出两条重要的现象。

（1）当入射光的频率小于临界值时，不会产生光电效应，只有临界频率及以上的光才可以。

（2）光电效应与入射光的强度无关。即便很弱的紫外线也可以产生光电效应。

该怎么解释这些现象呢？人们认为电磁波的能量会慢慢聚集，就像晒太阳一样，越晒越暖和，等到能量达到一定程度，电子就会溢出。这种说法无法解释临界频率及以上的光即使很微弱也能产生光电效应。

几乎与光电效应同时，物理学在黑体辐射上遇到了一个新的问题。当时正值工业革命，钢铁的需求量激增，很多科学家投身于热辐射（能量与电磁频率之间的关系）研究中，但得出的公式与实验有出入，这就是开尔文男爵所说的"第二朵乌云"。1900年，德国科学家普朗克（1858—1947）提出一个新的观点，物质发射和吸收的电磁波不是连续的，而是一份一份的。换句话说，光传递的能量是一份一份的。这就是最早的量子理论。

普朗克的观点可谓惊世骇俗，引起了众多物理学家的激烈争论。1903年，洛伦兹开始研究量子理论，得出的结论是，量子物理与经典物理之间有许多不可调和的矛盾。尽管他没能解决这些矛盾，但凭借着在学术界的地位（第一位获得诺贝尔物理学奖的理论物理学家），狠狠地为量子理论推广了一把，让量子之风吹到了瑞士伯尔尼专利局的一个小职员的耳朵里。

1905年，爱因斯坦发表论文《关于光的产生和转化的一个试探性观点》，在论文的后半段将量子理论引入光电效应中：电子溢出需要给它一个超过临界的能量，当光量子的能量大于临界能量时，电子就可以溢出，反之则不能。很显然，爱因斯坦认为光在某些现象中表现出来的就是一颗颗粒子。

1916年左右，美国物理学家密立根（1868—1953）用著名的油滴实验成功地证实了光量子的存在，也让爱因斯坦成功地登上了1921年的诺贝尔物理学奖的领奖台。

那么问题来了，光作为一种微粒，它有质量吗？实际上，在狭义相对论建立后，质量与能量是等效的，光有能量，所以它有质量，但是光没有静止质量，也就是说，假设能截留一个光子或跑得跟光一样快（这是不可能实现的），**抓个光子称一下，会发现它的质量为 0**。

问7

运动让时间变慢、长度缩短，但是运动是相对的，到底是谁的时间在变慢、长度在缩短呢？

爱因斯坦：实验会告诉你答案！

你我二人各拿一把尺子，相对静止时，我们比一下，尺子是一样长的。现在我开始水平匀速移动（设你我的尺子都是水平的），在你看来，我在运动，所以你会认为我的尺子缩短了，但在我看来，你也在运动，所以我会认为你的尺子缩短了。

其实谁都没有缩短，或者都在缩短。缩与不缩，关键在测量。每个人测量自己手中的尺子都没有缩短，但测量对方手中的尺子都缩短了。这就好比靠右行驶，每个人都觉得自己在马路的右边、对方在马路的左边。

时间也是如此，亚里士多德说时间是运动的数目，牛顿说时间是一种均匀的流逝；他们所认为的时间就像一把尺子上的刻度，不管从哪个刻度算起，如果两件事同时发生，它们所占据"时间尺子"的长度是一样的。但新动力学却不这样认为，如果你我二人拿的不是尺寸，而是时钟，我们都会觉得对方的时钟在变慢，也就是说，钟慢效应也是相对的。

问8

我终于找出一个悖论了。我手中拿了一个带电的小球，在我看来，带电小球只有电场没有磁场；你匀速离开，那么带电小球势必相对你运动，运动的电荷会产生电流，也就产生了磁场，所以你必然既能测到磁场也能测到电场。你我代表了两个不同的参考系，但却看到了两种自然现象，这是否说明"相对性原理"是错误的？

爱因斯坦: 表面上看,运动带来了磁场,但实际上变化的不仅有磁场,还包括尺缩效应,而这一部分体现在电场在运动方向上的收缩。也就是说,**运动让磁场和电场都发生了变化**。

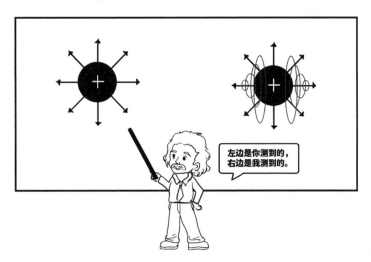

必须承认电磁场是一个整体,它可以分解成电场部分和磁场部分,但这两个部分不是绝对的,也没有明显的分界线,要根据观察者所处的参考系来决定。"横看成岭侧成峰",这是中国古诗里的一句话,形容这个问题非常合适。坐标不同,看到的结果不同,但山还是那座山,其本质没有变化。

狭义相对论

　　狭义相对论的建立和洛伦兹有很大的关系，但洛伦兹并不相信它是正确的。在一次与爱因斯坦的谈话中，为了区别于自己的理论，洛伦兹将爱因斯坦建立的新动力学理论命名为"相对论"。据说爱因斯坦并不喜欢这个名字，但好像也没有哪个名字比这个更贴切了。1915年，爱因斯坦将相对论进行推广，建立了新理论，于是就有了狭义与广义之分。

　　人们常说爱因斯坦建立相对论之初，几乎没有人能懂。实际上，这说的是广义相对论，并非狭义相对论。当时不少科学家都已经接近答案了，大数学家庞加莱（1854—1912）就曾提出相对性原理，只是没有办法摆脱以太的困扰。他明确反对绝对时空，提出"同时性"也应该是相对的观点。我们来举个例子，甲、乙二人，甲站在匀速行驶列车的正中间，乙站在车外面。当甲开灯时，光能**同时**照到车子的两侧。而在乙看来，由于列车向前移动，光照到车子两侧并**非同时**发生，简而言之，"同时"也是相对的。

狭义相对论建立后，爱因斯坦的老师闵可夫斯基（1864—1909）为其建立了数学模型。上大学时，爱因斯坦经常逃课，还不愿意学数学。闵可夫斯基曾用"懒狗"来形容他，但面对如此重要的理论，没有数学表达就等于没有灵魂，所以闵可夫斯基建立数学模型来表达狭义相对论的时空关系，称为"闵氏空间"。

我们以一只苍蝇绕着鸡腿飞行来简述一下。

　　鸡腿香飘四溢，招惹了一只苍蝇。这是一只很聪明的苍蝇，生怕鸡腿是人类下的诱饵，只敢绕着鸡腿盘旋，不敢轻易飞下来。假设苍蝇的盘旋是圆周运动，其速率为 v，随着时间的流逝，苍蝇不再是过去的苍蝇，因为它的位置不断发生变化，其运动表现在坐标轴上是一个正弦波，称为"世界线"。但鸡腿还是那个鸡腿，它在坐标轴上是一个圆柱体，称为"世界面"。

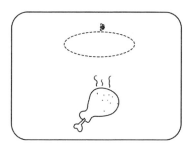 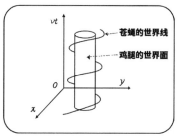

　　从时空图中可以看出，苍蝇的世界线不再是孤单的空间概念，而是与时间有着密不可分的关系，线上的每个点也不仅仅代表位置坐标，还表示一个"事件"。事件的基本含义是某个时刻在某个地点发生的某件事，所以当用文字描述一个事件时，一定要带上时间和地点。

　　由于光速恒定，光的世界线在时空图上是一条直线，如果将纵轴用 ct 表示（c 为光速），那么光的世界线是一条斜角为 $45°$（斜率为 1）的直线。同样，一个匀速直线运动的物体（看成一个质点），它的世界线也是一条直线；一个变速运动的物体，它的世界线是一条曲线。

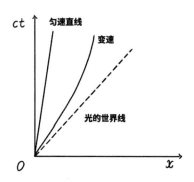

根据相对论，任何速度都不能超越光速，所以任何曲线上的任意点的斜率都要大于等于 1，小于 1 则表示超越光速，也就没有任何意义了。以某个时间为起点，分成过去、现在、未来，画在坐标轴上，其图像是一个光锥。

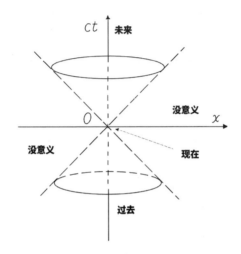

当人们对狭义相对论的正确性争论不休时，爱因斯坦第一个发现它的不足，主要来源于两个方面，一是**无法定义惯性系**，二是**无法将引力加速度与惯性加速度统一起来**。下面就来看看爱因斯坦是怎样建立广义相对论的。

问9

　　惯性系存在什么问题？

爱因斯坦：先来看下什么是惯性系。在相对运动里，人们通常把静止或匀速直线运动的参考系称为惯性系；如何判断一个物体是静止或匀速直线运动的呢？很简单，不受外力或外力的合力为 0。那么，又如何判断该物体受力为 0 呢？也很简单，它保持静止或匀速直线运动。

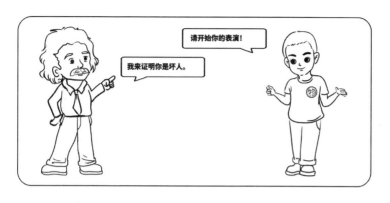

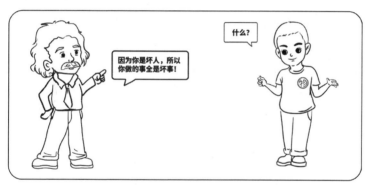

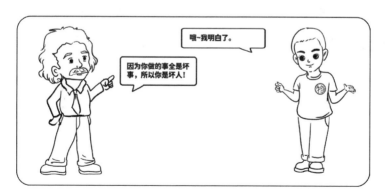

这种互为因果的关系导致狭义相对论并不完美，所以需要建立一种新的理论，让它在一切参考系——**惯性和非惯性**下都有效。

引力加速度与惯性加速度都是符合牛顿第二定律的，它们存在什么问题？

爱因斯坦： 普通力可以用牛顿力学理论解释，电磁力可以用电磁学理论解释，引力虽然也符合牛顿的三大定律，但同时也受万有引力支配。这就存在很大的问题，举个例子，狭义相对论认为光速不变，且不可被超越，但牛顿的万有引力公式却是无视时间的——超距作用。尽管后人用引力场来看待引力问题，但并没有统一的理论，而我要做的就是将引力加速度与惯性加速度等效起来。

有一天我在办公室里思考问题，对面的屋顶上有一个工人在刷墙，我想假设这个人掉了下来会怎么样？他肯定会处于失重状态，并因失重感到害怕。假设把他放到封闭的电梯里（没有任何参照物），然后剪断电梯的缆绳，让电梯自由落体，他又有什么样的感受呢？毫无疑问，由于对外界一无所知，他并不知道自己处于以下哪种状态。

（1）有引力场的自由落体。

（2）无引力场的惯性运动，即太空漂浮的失重状态。

假设将这个电梯置于外太空，并用力拉动电梯，他会感觉到来自地

板的支撑力，但并不知道这个支撑力来源于什么，也就是说，他并不知道自己处于以下哪种状态。

（1）没有引力场的加速度运动。

（2）静止在引力场中。

这样的话，**一切加速度都等效成由引力所产生的**，我将其称为"等效原理"。

问11

惯性加速度与引力加速度等效了，但惯性运动（加速度等于0）和非惯性运动（加速度不等于0）又该如何统一呢？

爱因斯坦：让我们来做一个实验。一个人站在地面上，向水平方向扔一块小石头，小石头能扔多远，取决于它的初速度。初速度为0，小石头是自由落体；初速度越大，小石头就飞得越远。毫无疑问，这是引力作用导致的，但我们并没有看到"引力"，只看到一条直线或几条抛物线——它们都是**几何图形**。

再来思考一下，一个物体在不受外力的情况下，始终保持静止或匀速直线运动——也是一种几何图形，这是物体的惯性决定的。问题来了，为什么物体具有惯性呢？实际上，惯性只是人这种高级生物大脑里的抽象，我们也可以将惯性运动抽象成一种"外部"没有发生任何变化的运动，而这个"外部"指的正是物理学中的"场"。如此,**物体的惯性运动和非惯性运动都可以看成是场作用下的几何运动。**

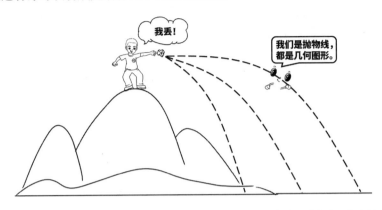

为了方便理解,此处举一个很直白但并不十分恰当的例子:水(物体)会沿着水沟(场)流动,如果水沟是平直(惯性)的,那么水流也是直的;如果水沟是弯曲(非惯性)的,那么水流也会变得弯曲,为什么会这样呢?原因很简单,因为水这样流是最"舒服"的。

问 12

我可不可以这样理解，在新的理论框架下，引力不存在了，取而代之的是空间场强的变化？

爱因斯坦：空间变化只是一方面，狭义相对论已经证明空间不是一个孤单的概念，它和时间交织在一起。因此，可以这样理解，在新的理论框架下，时空随着物质发生改变。

物质如何改变时空呢？举个简单的例子，一张有弹性的网，在没有任何力的作用下，它是平直的，在网上面放一个保龄球，网中间就会弯曲。平直的网代表平直的时空，弯曲的网代表弯曲的时空。再将它们引申到太阳上，就可以这样理解地球绕着太阳转的原因：原来时空是平直的，大质量的太阳将时空变得弯曲，而地球就是沿着一条"最舒服"的路线绕太阳旋转。当然，地球也使时空弯曲，所以月亮才会绕着它转。

这条"最舒服"的路线就叫"测地线"，测地线来源于地球勘测。我们知道，两点之间线段最短，但地球上的两个

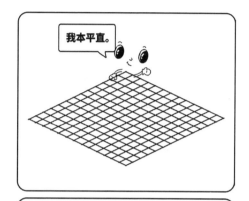

我本平直。

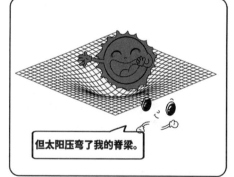

但太阳压弯了我的脊梁。

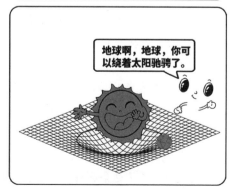

地球啊，地球，你可以绕着太阳驰骋了。

点最近的距离不是两点的连线，而是沿着地球大圆的一条曲线。举个例子，从南极到北极，最近的距离不是地球的直径，而是一条完整的经线。

借助测地线，可以将惯性运动拓展一下。平直时空中的测地线是直线，所以惯性运动才是直线；而**弯曲时空中的测地线是弯曲的**，此时的"惯性运动"自然就是弯曲的。

我的目标就是建立时空弯曲的场方程和物质沿着测地线的惯性运动方程，我把我的想法告诉了好友格罗斯曼（1878—1936），试图寻找一些数学上的帮助。他告诉我弯曲时空和黎曼几何非常类似。在他的帮助下，我经过 5 年多的努力，终于建立广义相对论方程：

$$R_{\mu\nu} - \frac{1}{2} R g_{\mu\nu} = \frac{8\pi G}{c^4} T_{\mu\nu}$$

黎曼几何

公元前 300 年左右，古希腊有个叫欧几里得（前 325—前 265）的数学家写了一本叫《几何原本》的书。在这本书的最开始，欧几里得就写了 23 个定义、5 个公设和 5 个公理。

公理不言自明，即无须证明的道理，比如 $A = B$，$B = C$，那么 $A = C$。公设意思也差不多，中学几何都统称为公理。这五条公设如下。

（1）任意一点到另外任意一点可以画直线。

（2）一条有限线段可以无限延长。

（3）以任意点为圆心，以任意长度为距离，可以画圆。

（4）直角都彼此相等。

（5）同平面内一条直线和另外两条直线相交，若在某一侧的两个内角的和小于二直角的和（180°），则这两条直线经延长后在这一侧相交。

前四条都容易理解，只是第（5）条颇人寻味，这便是史上著名的"第五公设"。第五公设存在两个疑点，一是"这么多字"的公设能不能由其他公设或公理推导出来呢？如果能推导，那它就不能称为公设，而应该称为定理；二是这条公设似乎有些问题，当 $\angle A + \angle B$（两个内角和）的值越接近 180° 时，a 线和 b 线的相交点就越远。由于 $\angle A + \angle B$ 可以无限接近 180°，所以 a 线和 b 线就相交于无穷远处，也就是说，a 线和 b 线趋向于平行了。

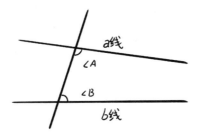

19 世纪，俄国数学家罗巴切夫斯基（1792—1856）试图用反正法推翻第五公设。他假设过直线外一点，可以引两条直线与之平行，第五公设便不成立。果然，罗巴切夫斯基在新几何空间中找到了这两条直线，后被称为"罗氏几何"。在当时人们的心中，欧氏几何如同日升日落一样优美，是不允许受到任何质疑的。罗氏几何不出所料地自问世就面临了前所未有的指责与谩骂，好在罗巴切夫斯基坚持了下来，成为非欧几何的发明人之一，被后人誉为"几何学中的哥白尼"。

若干年后，德国数学天才黎曼（1826—1866）类比罗氏几何，提出"过直线外一点，不能引任何直线与之平行（所有直线都与之相交）"，开创了新的非欧几何——黎氏几何。

这三种几何表述的是不同曲率的空间，欧氏几何描述的是平面，黎氏几何描述的是球面，罗氏几何描述的是马鞍形曲面。它们在基本公理上有本质的区别，比如三角形内角和在欧氏几何中等于 180°，在罗氏几何中小于 180°，在黎氏几何中大于 180°。

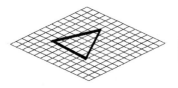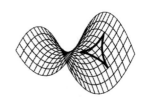

1854 年，黎曼做了一次题为《论作为几何基础的假设》的演讲，将三种几何统一起来，开创了"黎曼几何"。黎曼认为空间不一定都是平直的，很有可能是弯曲的，弯曲的空间不能用欧氏几何表达，一定要用非欧几何。

在欧氏几何中，两点之间线段最短，但非欧几何中一般不存在直线，**两点之间最短的距离称为"测地线"**。在爱因斯坦之前，黎曼等数学家早就建立了测地线方程，爱因斯坦建立的是时空弯曲的场方程。

问 13
从哪里可以验证广义相对论方程是正确的呢？

爱因斯坦：广义相对论方程第一次试航就大获成功。

自 19 世纪起，水星近日点进动问题一直困扰着天文学家。所谓"近日点进动"，是指对于一个绕日公转的行星而言，它的公转轨道并非严格的椭圆，其轴会发生细微的角度变化。

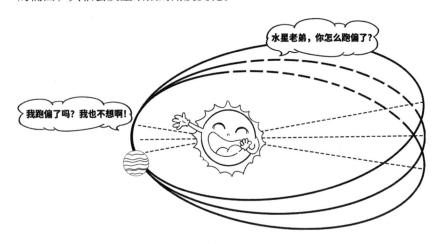

实际上，金星、地球等行星也会进动，但范围很小，几乎可以忽略，所以并没有引起天文学家们的注意。唯独水星，每 100 年其轨道的测量值与理论值之间有 43 角秒的差异——这是完全不能被忽视的。为了解释这一现象，有些天文学家猜测太阳系中还有未观测到的行星，它的运动影响了水星。如果真的存在，势必也会对地球产生影响，所以这一猜测不攻自破。

实际上，水星的进动与自身高速旋转有关系，但这点无法体现在万有引力上。我根据广义相对论方程，把水星的绕日运动看成是它在太阳引力场中的运动，即太阳的质量造成周围时空弯曲，计算出与实际相符的数据。

问 14

引力场会让时空弯曲，光在弯曲的时空中穿梭，它的测地线必然也不会是直的，因此光线也会弯曲，这能证明吗？

爱因斯坦：光线弯曲理论并不是在建立广义相对论方程（1915 年）后才提出的，而是在 1911 年。当时我计算出恒星光线经过太阳附近时会发生弯曲的角度，但是没有引起科学家们的注意。

广义相对论建立后，对水星进动的解释引起了很多科学家的注意。我的好友爱丁顿（1882—1944）就打算测量这一角度。太阳光芒万丈，根本无法分辨太阳光与恒星光，要等到日全食才能测量。

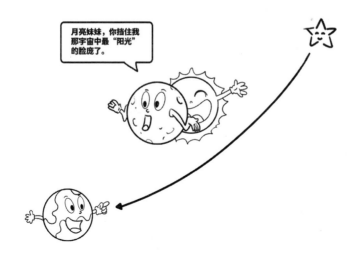

1919年有日全食，爱丁顿率领两支队伍分赴西非和巴西进行观测，得出一系列数据。有些数据和广义相对论的预测非常接近，但有些数据误差很大，爱丁顿将后者归结于实验仪器精度不够，没有采用，因此受到了不少人的怀疑。后来，天文学家们多次根据日全食测量光线弯曲的角度，但都和理论值有些差距，这可能与太阳质量较小有关。

尽管爱丁顿的测量数据有瑕疵，但从可用的数据来看，**光线确实发生了弯曲**，而且弯曲的角度与广义相对论方程所计算的一致。从这个侧面来看，广义相对论方程是正确的。

问 15

在广义相对论中，光线弯曲，光走的时间就会更长，所以弯曲时空的时间会膨胀；在狭义相对论中也有时间膨胀，它们是一样的吗？

爱因斯坦： 在广义相对论建立之前，法国物理学家朗之万（1872—1946）提出一个悖论：假设有一对双胞胎，弟弟在地球，哥哥乘着宇宙飞船在太空遨游一番后再回到地球，问二人谁年轻？还是一样大？按照狭义相对论，二人都会认为对方时间变慢，所以对方比自己小。这个悖论就叫"双生子悖论"。

实际上，哥哥乘宇宙飞船离开地球再回到地球，必然经历加速、减速的过程，在广义相对论中，加速度可以等效成引力加速度，哥哥的时空必然比弟弟的弯曲，因此二人再相见时，哥哥更年轻。这一点完全可以从他们的世界线看出来。

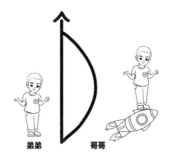

弟弟　　　哥哥

相信你已经看明白了，造成哥哥年轻的根本原因在于他有加速度运动。运动是相对的，但加速度运动不能完全相对。哥哥受力加速离开弟弟，并不能完全看成弟弟加速离开哥哥，因为弟弟没有受力——这是绝对的。也就是说，**狭义相对论所说的时间膨胀是相对的，但广义相对论所说的时间膨胀是绝对的。**

问 16

一个质量非常大的天体，必然造成时空高度弯曲。光会不会像地球绕着太阳转一样，围着它转？

爱因斯坦： 当光绕着这个大天体转时，就意味着光无法逃逸出来。既然光无法逃逸，从外面看就是一个黑黑的洞，所以叫"黑洞"。

早在18世纪，天文学家就意识到黑洞的存在了。1783年，英国天文学家米歇尔（1724—1793）就提出宇宙中存在一种"暗星"的想法，这里的暗星指的正是黑洞。法国数学家拉普拉斯（1749—1827）还根据万有引力公式，推导出黑洞半径与密度的关系方程。当时盛行光的微粒说，拉普拉斯的方程是将光微粒看作质点而得到的，因此现在看来该方程并不正确。

第一个从广义相对论中得出光线在黑洞周围运动的是德国物理学家史瓦西（1873—1916）。他提出了"视界"的概念，所谓视界，就是所有试图逃离黑洞的光子统统都被引力拉回的最后边界。在视界内，任何物质——包括光都不能逃逸出去。视界是一个球面，而球的半径就叫"史瓦西半径"。史瓦西半径就是某个物体成为黑洞的条件。举个例子，如果太阳要变成黑洞，它的半径必须压缩到约3km；如果地球要变成黑洞，它的半径必须压缩到约9mm——差不多和玻璃弹珠一样大。

然而这些都是理论上的，要在黑暗的太空中寻找黑洞，就像在煤球堆中寻找乌鸦一样。我提出一个叫"引力透视"的理论，可以用来寻找黑洞。当恒星或星团光线经过黑洞视界的周围时，会发生大角度的弯曲，从地球上看，会看到多个一模一样的恒星或星团。

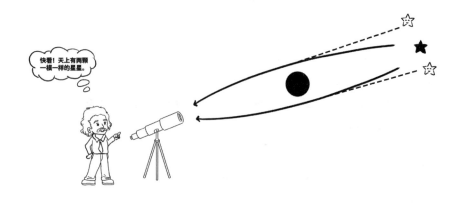

问 17

无论是牛顿的"万有引力",还是你的"时空弯曲",宇宙万物都是相互吸引的,请问宇宙会"相互吸引"而坍缩吗?

爱因斯坦: 在我看来,宇宙形状是有界无边的球,它是稳定的,不可能会坍缩,因此我在广义相对论方程中增加了一项——宇宙常数项。**宇宙常数项表现出来的就是斥力**,有了它,宇宙就是稳恒的。但 1929 年,美国天文学家哈勃(1889—1953)发现宇宙并不是稳定的,而是像气球一样,不断向外膨胀,我不得不承认宇宙常数项是我"一生中最大的错误"。

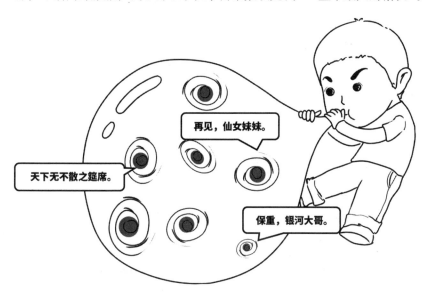

宇宙在膨胀,各个星系之间在相互离开,就像放电影一样。但如果把电影倒着播放,星系之间就会相互靠近,直至最终收缩在一起,形成一个点,这个点就是宇宙的起点。那么,起点又是如何形成今天的宇宙的呢?很多天文学家认为宇宙必然有一次大爆炸——宇宙大爆炸。**时间、空间及形成物质的粒子都起源于这次爆炸。**

广义相对论

1919 年之后，天文学家们多次根据日全食测量光线弯曲的角度，但误差总是很大。进入 20 世纪 60 年代，射电望远镜开始投入使用，成功地测量了光线弯曲角度符合广义相对论计算值。既然光线弯曲，那么时间必然膨胀。也就是说，一个在地面上的钟比在高山上的钟要走得慢。实际上，万有引力也能说明这点，但人们认为钟慢是由钟摆与重力加速度的关系引起的，没有认为它表示时间在膨胀。

随着科技的发展，科学家们采用原子时钟来计时。原子由原子核和核外电子组成，核外电子是量子化的，只能在固定的层级上。电子会受激发跃迁到其他高层级上，但并不稳定，又会跃迁到基态上。从高层级跃迁到低层级时，会释放出光子，光子有频率，可以根据这个频率来计时。

一个与重力无关的时钟会产生钟慢效应吗？答案是肯定的，1971 年，科学家们用多个铯原子钟做实验，其中一个放在地面作为参考，其余的则分别由民航飞机带到万米高空——一部分由东向西飞，一部分由西向东飞。结果发现，由东向西飞的时间变快，由西向东飞的时间变慢。毫无疑问，这是飞机相对地面运动及地球自转所导致的，其结果与广义相对论吻合。

那么问题来了，与重力无关的铯原子钟，是怎样产生钟慢效应的呢？其实无论怎样看待时间，都没办法否认必须从周期性现象中测量时间，铯原子钟处在不同的引力场中，所辐射的光子频率也发生了变化，物理学称之为"多普勒效应"。

引力透镜效应在1979年得到证实。科学家沃尔什（1933—2005）用2.1米的光学望远镜发现了一对类星体，它们的亮度等级、谱线宽度和强度、谱线红移都相同，由此可以断定它们是同一个天体，从而证实了引力透镜效应。

最近一次证实广义相对论正确性的是引力波。1916年，爱因斯坦就曾预言引力波的存在，但他同时认为不太可能测出引力波，因为引力波非常微弱。试想一下，如果引力波的强度能像电磁波那样，恐怕整个宇宙早就粘在一起，或者根本就没有宇宙。

后来，天文学家们从脉冲星的运动中找到了引力波存在的证据。1974年，赫尔斯（1950— ）和泰勒（1941— ）首次发现了脉冲双星系统。它由两颗半径只有几十千米，但质量和太阳差不多的天体组成。这两个天体围着对方，相互高速旋转，之间的距离和月地距离差不多。赫尔斯和泰勒对它们观察了十几年，发现二者距离和周期都在不断减小，即系统的能量在减少，而减少的原因正是向外辐射引力波（能量）所导致的。赫尔斯和泰勒根据广义相对论和脉冲星的周期，间接证明了引力波的存在。

直到2017年，科学家们才真正找到了引力波。从1984年开始，美国就开始筹建"激光干涉引力波天文台（LIGO）"。LIGO于2002年投入使用，但是没有获得有效数据。十年后，LIGO装备大升级，探测灵敏度大大提高，终于在2015年9月14日看到了奇迹，成功捕获到了两个黑洞合并所产生的引力波，也成功地向广义相对论百年华诞献上大礼。

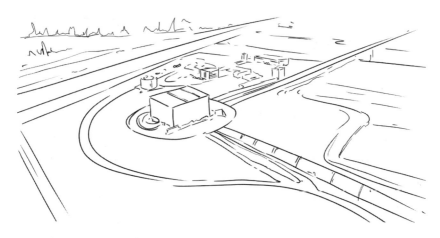

引力波的探测与零结果实验类似，只是精度要求更高，实验难度更大。光源经过分光镜后，分成垂直的两束光。两束光分别经过两个垂直的 4000 米的真空管，来回反射 50 次后，会形成干涉条纹。当引力波出现时，由于两个反光镜垂直，其位置变化不一样，因此干涉条纹会发生改变。

广义相对论自问世以来就与掌声和质疑声一路并行，好在经受住了所有的考验，成了 20 世纪最伟大的理论之一。另一个伟大的理论是量子力学，但广义相对论和量子力学之间难以调和的矛盾，让爱因斯坦建立大统一的理论的梦想化为泡影。

本章附录

那些脑洞大开的怪问题

问 1

什么样的天体才能成为黑洞?

▶ **答** 根据最新的天文观测结果,宇宙大概有2000亿至3000亿个星系,地球所在的银河系只是庞大星系中的一员。根据观测与理论推算,银河系大约有1000亿至4000亿个恒星,所以真的可以用"数不清"来形容天上的庞然大物们。

但这些庞然大物的"命运"却掌握在小小的原子手中。原子由原子核和核外电子组成,根据经验,电子的状态是量子化的,即量子化的轨道、角动量、磁矩及自旋态。1925年,物理学家泡利(1900—1958)指出,在同一个原子中,**不可能有两个电子处于同一种状态**,这就是著名的"泡利不相容原理"。说得再简单一点,一个原子中的电子就像一个个萝卜,而量子化的电子态就像一个个萝卜坑,一个坑只允许有一个萝卜。

原本"坑"的数量大于"萝卜",但随着恒星的燃烧,内部开始收缩,引力增大。强大的引力会不断压缩原子中的"萝卜",最终保持"一个萝卜一个坑"。这时的恒星就演化成了一个"白矮星"。

白矮星并非所有恒星的归宿,有些恒星的质量非常大,强大的引力会压碎原子核,电子会与原子核中的质子结合形成中子。这样的恒星仅由中子组成，因此叫"中子星"。

中子星也不是大恒星的唯一归宿，一些质量更大的恒星会在强大的引力下继续坍缩，最终令光都无法逃逸，这就是黑洞。

天文学理论认为，质量小于 8 个太阳的恒星会形成白矮星，而质量大于 25 个太阳的恒星会形成黑洞，介于 8 到 25 的最终会变成中子星。太阳在 50 亿年后，会变成一颗白矮星。

问 2

什么是白洞？什么是虫洞？

▶ **答** 既然宇宙中存在"一毛不拔"的天体（黑洞），那么也可能会存在无时无刻不在向外喷射各种物质的天体，这种"无私奉献"的天体正是白洞。

1964 年，苏联科学家诺维科夫（1935—　　）第一次提出白洞的概念，但没有引起人们的重视。随着宇宙学的发展，越来越多的人对白洞产生好奇，但至今仍然没有任何迹象表明白洞的存在。不过，也有宇宙学家认为，宇宙大爆炸的最初时期就是一个不断向外喷发的白洞。尽管它存在的时间非常短暂，但如果宇宙之外仍有多个宇宙在不断诞生，那么足以证明白洞是存在的。

科学家们将白洞与另一个科幻名词——虫洞结合起来。虫洞又叫"爱因斯坦—罗森桥"，1935年，爱因斯坦与其助手罗森在研究时指出，两个弯曲的时空完全可以被一个"桥"所连接，物质可以瞬间在这两个时空中穿梭。与白洞一样，科学家们并未找出任何虫洞存在的证据。

尽管爱因斯坦认为虫洞只是数学伎俩，宇宙中并不存在虫洞，但热爱科幻的科学家们还是将黑洞、白洞与虫洞结合在一起：**物质被黑洞吸收通过虫洞后，从白洞喷发。**

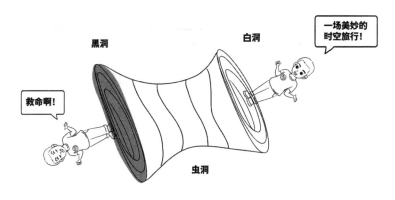

问 3

时空旅行真的可行吗？

▶ **答** 在科幻电影和小说里，时空旅行是一个经久不衰的话题。除了"穿越"本身，似乎一切都很合乎逻辑。时空真的能穿越吗？一方面，科学需要求真务实的态度，否则今天的物理学依然以亚里士多德为中心；另一方面，科学离不开大胆的想象，否则登上月球的永远只有神话里的嫦娥。这两种相互矛盾的思想让一些平庸的科普作者（特指笔者）不知道如何下笔，因此此处仅仅谈谈霍金（1942—2018）的看法。

霍金似乎对每个大胆的想法都保持着高度的好奇心。在他看来，虫洞是存在的。比如，当我们用显微镜观察一个外表光滑的玻璃弹珠时，会发现它表面是坑坑洼洼的；如果把观察的尺度再缩小，缩小到普朗克尺度（10^{-35}m）上，时间也不再平滑，而是随机起伏的，这就是所谓的"量子涨落"。量子涨落会形成各种小通道，而这种小通道正是虫洞。如果将它们放大到允许宇宙飞船在其中穿梭，那么时空旅行就成了可能。

不过，霍金并不同意"回到过去"，因为假设一个人穿越回去，杀死了过去的自己，那么现在往回穿越的又是谁呢？

除了虫洞旅行，还有一种时空旅行似乎更加务实可信。根据广义相对论，引力大的地方，时间会变慢，如果一个人在黑洞旁边旅行了一周，地球可能已经过去了 100 年，当他回来时，看到的世界就是 100 年后的世界——成功地穿越到了未来。

不过，物理哥在此提出一个小小的疑问：假设秦始皇在统一六国之前在黑洞旁玩了几周，当他返回时，天下还是那个曾被他统一过的天下吗？

问 4

宇宙大爆炸是真的吗？宇宙在爆炸之前，是怎么样的呢？

▶ **答** 到目前为止，还没有哪种关于宇宙起源的假说或理论比宇宙大爆炸更有说服力。实际上，在哈勃发现宇宙不断膨胀之后，英国科学家霍伊尔（1915—2001）提出过稳恒态宇宙模型。霍伊尔认为宇宙是永恒的、不生不灭的，而星系的运动是来回振荡的，现在正处于相互远离阶段，足够长的时间以后，它们之间又会相互靠近。霍伊尔提出了很多悖论来驳斥宇宙大爆炸，最有名的是微波背景辐射。

什么是微波背景辐射？宇宙大爆炸后会产生极高的温度，辐射大量的光子，光子与其他粒子激烈地碰撞，不能自由地在宇宙中传播。大约38 万年后，宇宙温度下降，电子与质子、中子结合形成中性的原子，那些还没有被其他粒子吸收的光子便开始自由传播。这些**光子就是最古老的宇宙光**，频率在微波段，因此称为宇宙微波背景辐射。1965 年，科学家们在地球上找到了微波背景辐射，宇宙大爆炸假说一跃成了人们关注的焦点。

如果宇宙大爆炸是 100% 正确的，那么今天的一切都与这次爆炸有关。粒子、光、时间和空间都从这里诞生。在宇宙大爆炸之前，是没有任何时空、物质的，也就是说，讨论宇宙大爆炸之前的宇宙是没有任何意义的。

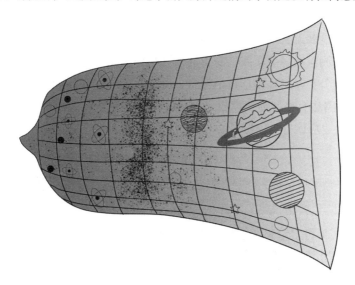

问 5

什么是暗物质？我们身边有暗物质吗？

▶ **答** 爱因斯坦在建立广义相对论后，初步计算了宇宙密度。但天文学家们根据恒星质量的估算，得出了只有爱因斯坦理论值的 1/100 的宇宙密度。两个数量级的差异让天文学家们感到困惑，因此爱因斯坦与荷兰天文学家德西特（1872—1934）共同发表论文《看不见的物质》，猜测宇宙中可能存在大量**不发光的物质**，也就是我们今天所说的"暗物质"。

在很长一段时间内，人们都将暗物质与黑洞联系起来。从气质上说，黑洞完全与暗物质相吻合，但是美国天文学家薇拉·鲁宾（1928—2016）发现暗物质不能与黑洞完全画等号，她的证据来源于开普勒第三定律。

我们知道，离旋转中心越远的天体公转周期越长，以太阳系为例，离太阳最近的水星的公转周期是 88 天，而最远的海王星转一圈则需要近 165 年。如果要让海王星的公转周期缩短，则必须增加它的质量。鲁宾在观测仙女星系时发现，星系中几个明亮的区域几乎都是以同样的速度绕中心公转的，完全与开普勒第三定律不相符。于是，鲁宾猜测星系中弥漫着暗物质，这种物质并非以黑洞的形式存在。

尽管很多天文现象证明暗物质的存在，但人类对暗物质的组成粒子仍处于猜测阶段。至于我们身边有没有暗物质，一种学说认为，暗物质存在于整个宇宙——地球也不例外。我们总是被空气或其他物质包围着，如果我们身边有暗物质，那它一定会和其他物质共享同一空间，如此说来，人的身上也应该有暗物质。

问6

平行宇宙是真实的吗？另一个宇宙中存在另一个"我"吗？

··

▶ **答** 平行宇宙假说起源于量子力学对电子行为的诠释，这个诠释引发了科学史上最大的哲学悖论——薛定谔的猫。

一只可怜的猫被孤单单地关在盒子里，它旁边有一瓶剧毒无比的毒气，毒气瓶上面有一个开关，开关由上面的放射性原子控制。若原子衰变，开关打开，锤子落下打碎毒气瓶，猫必死无疑；若原子不衰变，开关不会打开，猫依旧活蹦乱跳。

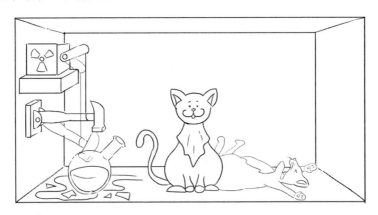

很显然，猫的命掌握在原子手中，可是原子什么时候衰变呢？没人知道，因为在测量前，原子处于衰变/不衰变的叠加状态，而猫就处于死/不死的叠加状态。只有当人测量（打开盒子）时，原子才会取衰变/不衰变其中一个状态，也就是说，人的测量决定了猫的生死。

1956年，美国物理学家艾弗雷特（1930—1982）提出一个惊人的想法。简单点说，打开盒子（测量）的瞬间，猫并不是选择其中一个状态，而是宇宙分裂成两个，其中一个宇宙中的猫是活的，另一个宇宙中的猫是死的。**这两个宇宙之间并无交集**，就像两条平行线一样，因此叫"平行宇宙"。

有猫就能有人。人们往往关心如果平行宇宙存在，另一个宇宙中存在另一个"我"吗？霍金的回答非常肯定，他还打趣地说："我在另一个宇宙可不是这副模样……"那么，另一个宇宙中的"我"到底是怎样的呢？其实这个问题是不成立的，因为平行宇宙意味着两个平行的"我"，彼此之间没有交集。

随着宇宙学的进步，科学家们遇到了越来越多难以解释的问题，从而导致任何假说都会被放大，平行宇宙也被用于解释现有宇宙视界之外的宇宙，但不管怎样，至今仍没有发现平行宇宙存在的任何证据。

问7

引力波可以被屏蔽吗？

▶ **答** 引力波是**宇宙中的时空涟漪**，就像石头丢进水面产生的波纹一样。但是，引力波不是常规的机械波，也不是电磁波。引力波产生于弯曲时空的振荡，一般认为它不能被屏蔽，这一点与万有引力不能被阻隔一样。

引力波的能量非常低，地球绕着太阳高速转动，所辐射出的引力波功率大约为 200 瓦，也就是说，把太阳系所产生的引力波收集起来，还煮不熟一顿米饭。但是，当大质量天体相互公转或合并时，产生的引力波能量还是可观的。2015 年人类所探测的引力波正是来源于两个黑洞的合并。

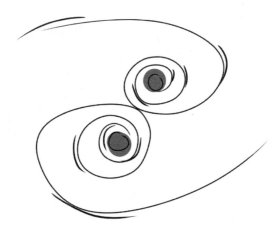

引力波的发现对天文学具有划时代的意义。广义相对论认为，宇宙大爆炸也能产生引力波，换句话说，138 亿年前的大爆炸所产生的时空涟漪依然在宇宙中浮动。一旦被人类探测到，就能揭开宇宙形成的过程甚至所有谜团。

问 8

无论是万有引力还是广义相对论，都是相互吸引的，宇宙真的会坍缩吗？

▶ **答** 人类对宇宙坍缩的担心由来已久，因为物质之间表现出来的

都是引力，为此爱因斯坦在广义相对论方程中加了一项——宇宙常数项（Λ）。

$$R_{\mu\nu} - \frac{1}{2}Rg_{\mu\nu} + \Lambda g_{\mu\nu} = \frac{8\pi G}{c^4}T_{\mu\nu}$$

宇宙常数表现出来的就是斥力，有了宇宙常数项，爱因斯坦认为宇宙就会维持稳定的状态。但哈勃发现宇宙在膨胀的事实让爱因斯坦不得不放弃宇宙常数项，并称之为"一生中最大的错误"。

根据宇宙大爆炸理论，宇宙在爆炸之后，物质之间相互吸引，宇宙正在膨胀的过程应该是减速的。这就好比向上抛起的小石头，尽管处于上升阶段，但受地球的引力，速度会变慢。

然而 20 世纪 90 年代的观测结果让人大跌眼镜，宇宙不仅在膨胀，而且正在**加速膨胀**。那么问题来了，加速膨胀的能量来自何方呢？于是宇宙学家们猜测宇宙中必然有一种以非实物形态存在的能量，这就是暗能量。暗能量让宇宙常数起死回生，据科学家们估算，暗能量大约占宇宙的70%，暗物质大约占宇宙的 26%，剩余的 4% 便是人类能观测到的物质。

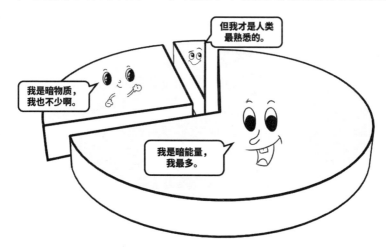

至今人类仍未找到暗能量存在的证据，不过这一务实的猜想彻底否定了宇宙坍缩的可能性。